Garden Art Research

园林艺术研究 2

中国园林博物馆　主编

中国建筑工业出版社

图书在版编目(CIP)数据

园林艺术研究 2/中国园林博物馆主编．—北京：中国建筑工业出版社，2018.6
ISBN 978-7-112-22349-7

Ⅰ.①园… Ⅱ.①中… Ⅲ.①园林艺术－研究－世界
Ⅳ.①TU986.1

中国版本图书馆 CIP 数据核字（2018）第 117544 号

责任编辑：杜　洁　兰丽婷
责任校对：王　瑞

园林艺术研究2
中国园林博物馆　主编
*
中国建筑工业出版社出版、发行（北京海淀三里河路 9 号）
各地新华书店、建筑书店经销
天津图文方嘉印刷有限公司印刷
*
开本：880×1230 毫米　1/16　印张：$4\frac{1}{4}$　字数：153 千字
2018 年 6 月第一版　2018 年 6 月第一次印刷
定价：42.00 元
ISBN 978-7-112-22349-7
（32225）

目　录

Arts and
Culture about Gardens

园林文化艺术

黛色参天二千尺——古树名木谈屑之一

耿刘同

崇尚文化传统的民族，所突显的历史感，是精神的，它源于自然赐予和人工创造的物质之中，不废江河，万里长城，是中华民族精神的极致，周柏、汉桧、唐槐、宋梅……则是植根于中华大地另一种历史文化精神的显现。古树名木恰又是具有自然元素和人文精神的同一载体，遍及中原，远布边陲。数千年来，史书记载不绝，诗文咏歌不止，丹青入画不断，究其根本，在岁月流逝的历史沧桑中，唯有古树的生命形态，在原有植株的年轮上延续，而得以阅尽人间春色。若将现存现知的古树名木，就其年代和有关故事传说、诗文绘画加以编排，真可成为一部生命不息的又一种中国历史年表。

古树的历史感，往往来源于久远的年代，特别是与知名的历史人物及其衍绎的历史事件相关联，如：四千多年前黄帝手植柏、三千多年前周公手植柏，两千多年前孔子手植桧等等。一株古树能勾起对历史洪荒时代的遐想；能将你带进大一统前夕诸侯征战分封的场景，能使人对千古圣哲的思想流传肃然起敬。在历史文化名城，在风景名胜区，在历史和现代园林中，在文物保护单位内，以及市井院落、农家村陌……古树名木是最具标志性的文化内涵载体，它真正直立在自然景观与人文景观的交汇点上现身说法。在古建筑的遗址上，殿堂寺观已不复存在，一对古槐兀立在斜阳里，几十株古柏沐浴在春雨中，不但能钩稽出古迹原有的布局，也能大致考定其建造年代，比方于秦砖汉瓦，唐俑宋瓷，不失为考古断代科学佐证的下限，它们却是有生命的，活着的。古树能言，会准确地诉述在这里所发生的一切，讲出多少不该湮没的故事。

古树，在历史的长河中，往往被人格化、神化、精灵化、传奇化而戏剧性地参与人类历史进程的行列。如源于秦始皇泰山封禅避雨的五大夫松、源于汉武帝错封的登封嵩阳书院大将军柏、二将军柏，源于唐传奇《南柯太守传》大槐安国的扬州唐槐，以及黄山的迎客松，北京香山的听法松等等。北京的古树名木，更是集中地反映了这种文化现象：潭柘寺中被称作帝王树的辽代银杏，与改朝换代的兴替相关；孔庙里的“锄奸柏”虽为元代种植，但因明代奸相严嵩在树下被吹落乌纱帽而得名。其他如北海团城上的金代的白皮松和一株树冠披离如盖的油松，被清代皇帝乾隆分别封为白袍将军和遮荫侯等等，不仅是人格化，而且是官爵本位制了。此是笑谈，但茶王、枣王等等被冠以王位的，则是现代人对古树名木毫不吝惜的加冕。

既然提到冠冕，顺便说一下七叶树。打自佛教于两千年前传入中国，不知何时，七叶树被认作了佛教圣树娑罗双树，入药的树籽被称作娑罗子，广为种植在佛教寺庙的庭园之中，被罩上一圈神圣的光环，北京八大处、大觉寺均有胸径在 1 米左右的古七叶树。

“名园易得，古树难求”，这八个字透露出中国园林艺术对古树在景观中诗情画意的追求，苏东坡曾经说过：“台榭如富贵，时至则有，草木如名节，久而后成。”园林中的建筑景观与植物景观相比，植物景观是需要更长久的时间，才能获得理想的效果。历尽沧桑的古树，已经过无数寒暑的风霜洗礼和荡涤，以顽强的生命力存活至今，依然黛色参天，盘根错节，正如杜甫在《古柏行》中的警句：“柯如青铜根如石。”显露地表的根系像磐石般坚硬，挺拔屈傲的盘空枝干恰如青铜铸就。不但入诗，而且入画，还被摹拟在树桩盆景艺术之中。自然所塑就的古树观赏性，就以一植株而言，是不可重复的，现代技术可以仿建任何一座园林建筑，但不能再现任何一株古树的绰约丰姿，所以园林中的古树被视若文物瑰宝，在新建园林的规划用地上，更要精心布局，保留原有的古树和大树，宁可改变建筑的位置，也要将它们组织在景观之中。这样的例证，在中国造园史上是屡见不鲜的。这里举两个实例。一则见于北宋李格非《洛阳名园记》中的“苗帅园”。

苗帅园是宋代节度使苗授（1029 ～ 1095 年）在一座宰相王溥（992 ～ 982 年）的旧园上重新规划建造的，兴建时有三处景点巧妙地保留了旧园的原有古树绿化。

一是："园故有七叶二树，对峙，高百尺，春夏望之如山然，今创堂其北。"将主体建筑建在两株七叶古树的北面，既突出了全园的主轴，又利用了现成的古树绿化。

二是：旧园存有竹万余竿，皆大满二三围（此处围指两手合拱），疏筠琅玕，如碧玉椽，今创亭其南，万竿竹林，也是多年所形成，十分难得，创亭其南，强化了轴线。

三是，有大松七，今引水绕之，既保护了大松群落，又增强了景观效果，可圈可点。

可见古典造园手法，对古树的深厚情节。

另一个实例，是清代乾隆兴建清漪园买卖街时，在溪河北岸的山坡上建嘉荫轩，因原址上有两棵古槐，据乾隆在诗中描述："夏叶布荫齐，团团覆草萋。竟当黄盖澈，恰似绿帷低。"为了保留和利用这两株如伞盖似帷幕的古树，有意将建筑平面进出避让，并取名嘉荫轩。可惜这两棵古树和建筑均毁于1860年英法联军兵燹，20世纪80年代复建时，当建筑在遗址上重现以后，总觉得在构图上缺乏完整，选植了几株大国槐加以弥补，但十多年过去了，要再现古槐如盖似帷的原有意境，也许还要等待下个世纪的来临。

有一则古代移植古树的故事，见于生活在北宋末、南宋初的方勺的笔记《泊宅篇》，原文如下："盐官县安国寺双桧，有唐宣宗时悟空大师手植，今三百余年矣，其大者蜿蜒盘礴，如龙凤飞舞之状，小者与常桧不甚异，宣和乙巳春，朱勔遣使臣李鬫取以供进，大者载由海道，遇风涛，舟桧皆没，小者只自漕路入。既献上，鬫转二官，知县鲍慎好赐绯"。在这不足百字的叙述中，信息量却是很大的，试解读于下：

（1）关于双桧的种植年代，为唐宣宗时，唐宣宗名李忱，公元847～860年在位，当了14个年头的皇帝，移桧时，为宋徽宗赵佶，宣和乙巳年春天，这一年是公元1125年，定植后的树龄应该在265～279年。

（2）双桧树姿观赏价值很高，被选中进献皇帝，并非偶然，后来只有较小、姿态较差的一株送到皇帝面前。参与进献的两个官员都得了越级升迁的奖励，特别是盐官县知县鲍慎好，最后得以赐绯的荣誉，可以享受五品以上的待遇。

（3）关于安国寺，其址在浙江省海宁市盐官镇西北，南临钱塘江入海口的杭州湾，至今还存有安国寺唐代石经幢三座，其中建于会昌二年（842年）的一座，应早于悟空大师手植双桧十多年，若没有宋代移树的事，或许今天还能观赏到唐桧唐幢相得益彰的景观。

写到这里，联想到近年来某些地方有大树集群进城的举动，这种透支前人绿化业绩的办法，实在不足为训，我们今天所能拥有的古树资源，是前人栽种、历代呵护的成果。古树都经过种子萌芽，幼苗小树至大树的生长过程，我们不但要保护古树，将其物质和精神的内涵留给子孙后代，而且要从生态和环境的认识高度去培育栽植树木，为子孙后代留下我们所种植的古树、大树，前人种树后人乘凉，这句广被引用的俗语，正反映了我们民族持续发展的传统文化观念，是应该代代相传的历史责任。

从“甘棠”说起——古树名木谈屑之二

耿刘同

2016 年 4 月下旬，在通州参加城市副中心园林绿化方案论证，会间有人推荐乡土树种“甘棠”，旁座者询余为何树，低声告之曰：“棠梨，亦曰杜梨”，归来，集“甘棠”可谈典故，草成此文。

甘棠之名，见于《诗经·召南·甘棠》，全文如下：

蔽芾甘棠，勿翦勿伐，召伯所茇。

蔽芾甘棠，勿翦勿败，召伯所憩。

蔽芾甘棠，勿翦勿拜，召伯所说。

蔽芾（bi fei）茂盛荫浓，大意是说，茂盛荫浓的甘棠树啊，召公曾在它下面居住休憩、处理政务，要保护好，不能伐除，不能使它败萎，不能将它拔掉。召公是谁？

召公，召应读作 shao，故又称邵公，召伯，周文王姬昌的庶子，名姬奭（shi），因采邑在召，故称召公。曾佐武王灭商，支持周公东征平乱，是西周初年与周公姬旦并肩齐名的政治家，史有“旦奭”一词传世。司马迁在《史记·燕召公世家》对他有一段描述：“召公之治西方，甚得兆民和。召公巡行乡邑，有棠树，决狱政事其下，自侯伯至庶人，各得其所，无失职者。召公卒，而民人思召公之政，怀棠树不敢伐，歌咏之，作甘棠之诗”，司马迁又感慨地写道：“召公奭可谓仁矣，甘棠且思之，况其人乎！”

召公在甘棠树下，听讼断狱，处理政务，对贵族和百姓平等对待，公正无私，各得其所。后世将“甘棠”、“蔽芾”用作颂扬有政绩的官吏或其政绩，引用甚广，又形成“甘棠遗爱”、“甘棠之惠”、“甘棠之爱”等成语，下面举几个诗文例子。

西汉末年，经学家，文学家刘向（前 77 年～前 6 年）用楚辞风格所作的《九叹·思古》中，有这样两句：

“甘棠枯于丰草兮，藜棘树于中庭”。今人将其译成白话：“棠梨枝叶枯萎，野草丰盛，蒺藜荆棘种满庭院中央”。是说正直磊落的大臣在朝廷中已被小人取代，用了甘棠的典故。曾有“山雨欲来风满楼”千古名句的唐代诗人许浑，有一首七律《闻韶州李相公移拜郴州因寄》，最后两句：“闻说公卿尽南望，甘棠花暖凤池头”。凤池又称凤沼，即皇家禁苑中的凤凰池。魏晋南北朝称中书省为凤凰池，唐代多以凤凰池指宰相职位。“甘棠花暖凤凰池”形象地对正在途中即将返朝居相位的李相公有所作为的期望。用了甘棠故事，但与刘向所引用的角度相反，“甘棠枯于丰草”是针砭，“甘棠花暖”是颂扬，爱憎分明，甘棠却是正面形象。

唐长庆二年（822 年）江州刺史李渤，在景星湖湖心筑堤七百步，立斗门（闸门）蓄水、排水，解决了百姓苦于涉水渡川的问题，官民颂其德如召公，名之曰“甘棠湖”沿用至今，堪称“李公堤”路。这一则见于清代顾祖禹（1631 ～ 1692 年）所著《读史方舆纪要》卷八十五，《九江府》中的记载，是运用甘棠故事的又一种方式，称颂政绩。

与李渤同时代的诗人白居易（772 ～ 846 年）在杭州刺史任上增筑钱塘湖堤贮水，当年离任时，有一首《别州民》五言诗，生动地记载了告别场景，也用了甘棠故事：

耆老遮归路，壶浆满别筵。

甘棠一无树，那得泪潸然。

税重多贫户，农饥足旱田。

唯留一湖水，与汝救凶年。

诗中的“甘棠无一树”是作者运用甘棠典故的自谦，顺便提示一下，钱塘湖堤并非西湖上的白堤，而是钱塘门外的“白公堤”。

历史上还有一则用甘棠故事阻止砍伐大树的。唐代贞元（785 ～ 805 年）中，国家财政部门度支欲砍伐长安到洛阳御道上的原有槐树，用作薪材取利，更新栽种小树，已下了公文执行。华阴县卫张造驳回而停止，张造在公文中批复：“召伯所憩，尚伯剪除，先皇旧游，岂宜斩伐”，这个故事记载在宋人所著《太平广记》中。

召伯的甘棠故事，后来还和西晋督荆州、镇襄阳十年颇有德政的羊祜（221～278年）事迹相提并论。羊祜死后，襄阳官民为其立碑于岘山，见其碑者无不流泪，人称堕泪碑。《艺文类聚》卷七十七，引南朝刘孝绰《栖隐寺碑铭》中的句子：“召公且思，羊碑犹泣”。后世行文中，有“甘棠堕泪”，匹配使用的，如宋代张齐贤《洛阳缙绅旧闻记·齐王张令公外传》中：“知齐王于唐末有大功，洛民受赐者四十年，比夫甘棠堕泪，宜昭祀典”，就是两典合一使用的。

甘棠典故在近现代的使用也不罕见，这里仅举郭沫若先生《井冈山巡礼·黄洋界》诗一首：

雄关如铁旌旗壮，小径挑粮领袖忙。

五里横排遗檞树，千秋蔽芾胜甘棠。

诗中“蔽芾”、“甘棠”的运用已被赋予了全新的意境。

甘棠典故具有三千多年的流布，要比佛教菩提树释迦牟尼成道树下的传说早六七百年，通过佛经翻译，带着宗教光环的菩提树故事传入我国就更晚，要比甘棠的故事晚千年以上。联想到与菩提树差不多同时的曲阜孔子手植桧，这一古树名木流传有序，几度枯而复生。我们所见到最早记载孔子手植桧枯荣变化的文字，是唐人笔记《封氏闻见记》卷八“文宣王庙树”条：

“兖州曲阜县文宣庙门内并殿西南，各有伯叶松身之树，各高五六丈，枯槁已久。相传夫子手植。永嘉三年，其树枯死。至仁寿元年，门内之树忽生枝叶，乾封二年复枯。……肃宗时，二树犹在。”

作者封演，生活在盛唐时代，并曾到过山东一带，见闻应该属实。

明末清初的史学家谈迁（1594～1657年）在笔记《枣林杂俎·荣植》中，以史学家的笔法，续写了手植桧的枯荣变化：

孔子手植桧在庙门北，高五丈余，围丈有三尺。晋怀帝永嘉三年（309年），枯，历三百有九年，隋恭帝义宁元年复荣。历五十一年，唐高宗乾封二年又枯。历三百七十四年，至宋仁宗康定元年复荣。金宣宗贞佑二年兵火澌尽，历八十二年元世祖至元三年芽于东庑颓址间。明洪武二年（1369年）己巳，凡九十二年，高三丈余，围四尺。弘治己未被焚，今直干含生，不朽不摧。

谈迁所记与封演稍有不同，永嘉三年（309年）枯后复荣，一为仁寿元年（601年），一为义宁元年（617年），有16年的差别，均在隋代。

现摘录1985年出版的《中国历史文化名城词典》“曲阜篇”中一条“先师手植桧”：

“在大成门内石陛东侧，相传为孔子亲手所植……自晋永嘉三年至唐宋间，多次枯而复生，金贞佑至清雍正间，又屡遭火焚。清人有诗云：夫子庭前树，传来夫子栽，霜皮皆左纽，野火漫余灰，翠色滋坛杏，虬根上石苔，斯文应未丧，重发待时来”（《阙里志》卷二十）。今存桧树粗可合抱，高达16米，是雍正十年（1732年）复生新枝。东有石碑刻“先师手植桧”五字，系万历二十八年（1600年）杨光训书。旧有宋代书法家米芾撰书《孔子手植桧赞》碑，现存东庑。

这段文字，说清楚了孔子手植桧的历史与现状。

与历史名人、历史事件、历史建筑挂钩的古树名木，所形成的人文意蕴，自有其流布的价值。近年曾建议园林植物专家，用现代方法，繁育具有这些古树嫡传基因的苗木，种植在与其文化意蕴切合的地方，如孔子手植桧，不但全国各地的孔庙可以种植，分布在世界各地的孔子学院也可以种植，是再好不过的国际文化交流的使者。

再回到甘棠话题，“甘棠，今棠梨，一名杜梨”。这是三国时代陆玑在《毛诗草木鸟兽虫鱼疏》中对甘棠的考释。汉代有棠梨宫，是几处以植物冠名的宫馆之一，其余尚有葡萄宫、扶荔宫、竹宫及五柞宫，均为宫中引种绿植景观相关而取名。

棠梨为蔷薇科落叶乔木，黄河长江流域分布极广，野生也多。播种、根插或分株皆能育苗，不但作为品种梨的优良砧木，而且树形壮美，花繁叶茂，极具观赏性。唐代诗人元稹在题为《村花晚》一诗中，开头两句：“三春已暮桃李伤，棠梨花白蔓菁黄”。蔓菁即十字花科的芜菁，和棠梨都是晚开的春花，延长了当时村野中的节侯风情。颐和园荇桥西岸岛上，有两株并植棠梨，树龄近百年，树身挺拔蔚秀，春花尤胜，莹白如雪，游人争相作为留影的背景，确为园中二乔玉兰西府海棠花谢之后，暮春突出的景致。

棠梨，作为乡土树种，国内城乡分布极广，加之有甘棠的历史人文内涵，是绿化美化环境的优选树种。关于甘棠的典故，前面引证过不少诗文成语，再举几个词汇：“棠颂”、“棠树政”、“棠政”、“棠阴”，皆是袭用召公的故事做比喻，弘扬、歌颂惠政、仁政、德政的褒义用词。在为人民服务的行政机关的门前、院内种几株棠梨，如何？

颐和园祈寿文化研究与推广

谷媛　孙萌

“寿者，久也。”这是汉代许慎在《说文解字》中对寿字本义的诠释。“寿”，其含义是指人寿长，物久存，道恒在，故而人寿、物寿、道寿，并称三寿。古往今来，人们对这个“寿”字赋予了诸多的情趣、理趣和意趣，形成了一种大众性的文化——寿文化。在中国，祈寿文化被千年历史赋予了独特的内涵和价值，人们的衣、食、住、用、行等生产生活都融进了祈寿元素，并揉入了文学、艺术、宗教、养生等传统文化，相互交织包裹，和谐共生。可以说，“祈寿”文化在华夏大地上，无处不在，无时不在。凝聚着中国传统文化精髓的皇家园林颐和园，祈寿文化成为她文化精神的重要组成部分。颐和园，其前身名为清漪园，是中国封建专制时代营建的最后一座皇家御园。始建于清乾隆十五年（1750 年），乾隆皇帝为母祝寿而建，历时 15 年而成，是紫禁城之外的另一处皇家胜地，有着深厚的历史文化内涵。1886 年，在清漪园的废墟上，由慈禧太后主持新建的颐和园，同样是为她颐养天年、祈福延寿而建，可以说清漪园和颐和园一出生便深深地刻下了“寿文化”的烙印，而这中华文明独有的寿文化也成为支撑这座古老园林文化的根基，在颐和园里无处不在，表现形式多样、内容丰富，或流于表面，或深藏寓意；大到福山寿海的山水格局，小到一块瓦当上精巧的寿字，“寿”几乎覆盖了颐和园古建、文物、露陈、家具、字画、贴落、服饰、饮食、庆典，甚至传说故事，其对寿文化的诠释，几乎不可超越和取代。

1　祈寿文化的渊源

1.1 祈寿文化的形成

在生存条件恶劣、生产力低下的远古时代，人们无法掌控自己的命运，苦难是生命的本质，人们对生命生活没有任何的期许，听天由命是那时人们对生命的解读。随着人类的生息繁衍，生产力水平提高，人际间沟通合作机会增多，人类掌握了更多的劳动技能，开始披荆斩棘，创造更为宽广舒适的生存空间。经过不懈努力，逐渐创造出先进的物质文明、精神文明。这时，人类开始思索生命的意义与生存的价值，只有尊重生命、敬畏生命，希望之光才会熠熠生辉，延续的文明才会生生不息。当人类进入原始社会，福寿文化的滥觞期出现了，在典型原始文化群落中，如半坡、大汶口、红山、良渚文化等，从陶器、玉器等生活祭祀用品的造型、纹饰中，依稀可见祖先期翼福寿的印迹。夏商周三代，是人类社会由原始社会向奴隶社会的转型期，文明的进步，文字的运用，丰富了祈福延寿的仪式和内容。在我国最早的一部诗歌总集《诗经》中，就记载了多首祝颂长命百岁和祈祷幸福安康的抒情诗，如《小雅・天保》中载“如月之恒，如日之升。如南山之寿，不骞不崩。如松柏之茂，无不尔或承”。后来人们恭祝老人寿辰时用“寿比南山不老松”即出自于此。在《豳风・七月》中也记载了宰羊煮酒、恭祝长寿的原始祝寿活动，“九月肃霜，十月涤场。朋酒斯飨，日杀羔羊。跻彼公堂，称彼兕觥，万寿无疆。”先秦时期，《尚书・洪范》也把“寿”放在了“五福”之首。长寿是上至帝王将相下到黎民百姓共同虔心祈祷的愿望。

1.2 祈寿祭祷文化与儒释道思想

寿文化是人们对生命的一种精神寄托，是一种对生命恒久延续的无限渴求，是一种在自然灾难、社会动荡前束手无策的心理补偿。寿文化是中国朴素生存哲学思想之一，这种思想影响深远。《庄子・盗跖》曰：“人，上寿百岁，中寿八十，下寿六十。”《春秋左传・成公十三年》记载“国之大事，在祀在戎”。自古以来，帝王贵胄视祭祀活动为国家社会政治生活中的头等大事。

随着祈祷福寿活动在宫廷和市井中日趋成熟，并与儒释道思想交织融合、相互影响，福寿文化的内涵更加丰满，文化气息浓郁。儒家学说崇尚“仁爱”和“礼乐”。

追求内在与外在的和谐统一。孔子在《中庸》中曾明确阐述："大德必得其寿。"有大德的仁者，宽厚待人，性格豁达，光明磊落。置身于心底无私天地宽的境界，实现延年益寿就不是梦想。儒家思想的渗入，提升了寿文化的气质与胸怀，追求肉体的永生不是唯一目的，对个体的修为、群体的关怀、自然万物的关注才是生命本意。

佛教作为外来宗教学说，发源于印度，但进入中国后，在儒家思想的肥厚土壤中开花结果，形成具中国特色的本土佛教宗派及佛学思想。历代封建帝王出于统治需求，政治需要，对佛教大力扶持推广，使"佛教中国化，中国佛教化"。佛教中的因果、轮回、超脱、劝善等思想渗入中国人的社会、生活、文学、艺术、文化等方面。佛学思想认为福报寿报是自我修业的结果，得长寿的善果是自我摒弃恶业，不断修得的善因。佛教在一定时期被统治者利用，作为麻痹人们思想的利器。但其劝人行善，对天地万物的慈悲宽爱，对生命的敬畏等，一定程度上丰富了福寿文化的形式与内容。

道家思想的核心是道，"道"本身就揭示了人与自然万物间统一共生的关系。无为是道家思想的代名词。追求自在洒脱，顺应天时，对事物不刻意不强求，使心灵与自然融为一体，实现与天地同休、日月同寿的境界。道家思想中的福寿观，闪烁着淡定从容的智慧之光，为福寿文化增添一份随遇洒脱之美。

2　清漪园（颐和园）的祈寿文化

2.1 清漪园（颐和园）肇建

北京西郊，山环水抱，群山叠翠，地势优越，藏风聚气，自古就被视为上风上水的宝地，是皇室贵族、名臣雅士兴建离宫别院、消暑纳凉的首善之地。

清军入关的百年后，曾经马背上的民族已经渐行渐远，农耕文明逐渐成为生产方式的主流。满族人的社会风俗、生活习惯、思维意识、文化信仰逐渐被儒家思想所同化。统治者们为了长治久安，对汉族文化从强烈排斥到利用推崇。雍正皇帝就曾以"佛教治心，道教治身，儒教治世"为经国方略，可见，儒释道精神已深深扎根在统治者的血液骨髓中。福寿文化也作为附赠品，潜移默化地影响皇室的起居生活。帝王追求长命百岁、江山万代，长寿的实质是长治，核心是皇权的无限。乾隆皇帝作为清帝国盛世的缔造者，一生文治武功，元亨利贞，完美平衡了帝王、艺术家、孝子、诗人等多重身份，他自诩为"十全老人"。乾隆十五年（1735 年），深受"百善孝为先"思想影响的乾隆皇帝，为了给母亲六十大寿奉上一份特别的礼物，他精心谋划，选中京西这块宝地，开始描绘一幅灵动绝美的山水画卷。乾隆皇帝的母亲崇庆皇太后是一位幸福的母亲，长寿的老人。据《清史稿》记载，太后六十岁、七十岁、八十岁寿辰庆典，一次比一次隆重盛大，所收寿礼也是物华天宝，尽世间精华。崇庆皇太后的一生贯穿康乾盛世，享尽人间的"福、禄、寿"，善至终身。乾隆对母亲千依百顺、敬爱有加，世间有目共睹。清漪园的修建印证了乾隆皇帝尊孝慈母的爱心，满足了他寄情山水的诗人情怀，安抚了他那颗崇尚风雅的艺术心灵。

在清漪园（颐和园）的山水园林、建筑陈设中，彰显着福寿文化的形神，浓缩着儒释道思想的精华。传说在这幅一气呵成的画卷中，由皇家专属建筑家族"样式雷"传人精心构思，绘制出一幅"福山寿海"的巧图。万寿山佛香阁两侧建筑犹如一只展翅高飞的蝙蝠，昆明湖状如寿桃，斜贯湖面狭长的西堤，构成了桃身上凸起的沟痕，寿桃的"歪嘴"，是偏向东南方向的长河闸口。寿桃的梗蒂，是颐和园西北角西宫门外的引水河道。寿桃衔在蝙蝠口中，惟妙惟肖，巧夺天工，更取多福多寿之意。昆明湖中的三座小岛，象征着道家思想中的蓬莱、瀛洲、方丈三仙岛。"一水三山"人造仙境的出现，是乾隆皇帝追求长治与长寿"天人合一"的体现。

从清漪园（颐和园）的初建到复建，福寿文化的主旨贯穿始终，在葱郁松柏、四时花木、潋滟水色的映衬下，人也寿、物也寿、山也寿、水也寿、吃也寿、喝也寿、行也寿、居也寿、作也寿、游也寿。"寿"的影响无所不包，无处不在。整座宫苑山水园林，浸浴在一片浓厚的福寿文化氛围中，也承载着帝王的统治秩序、皇家礼仪、宗教信仰、哲学观念。园林在湖光山色中闪耀着东方文明和谐智慧之光！

2.2 清漪园（颐和园）祈寿文化现象

2.2.1 物质现象

1. 建筑题名

寿文化赋予了清漪园（颐和园）诸多的情趣、理趣和意趣。从颐和园主要建筑名称上看，有孝文化意义的万寿山、"仁者寿"的仁寿殿、"乐与寿同"的乐寿堂、"寿者介眉"的介寿堂、养生文化的益寿堂、"万寿无疆"的贵寿无极殿等。在一座园林的主要建筑中如此大量的引用"寿"字作为建筑名称的现象，这在中国建筑史乃至世界建筑史上，都是极具代表性的。

位于东宫门内的主体建筑——仁寿殿，是"前朝"的中心。原名勤政殿，光绪时期引用孔子《论语》中，"智者乐水，仁者乐山；智者动，仁者静；智者乐，仁者寿"的语意改为仁寿殿。侧面揭示出慈禧重修颐和园的真实意图——颐养天年、祈福延寿。在仁寿殿殿内的陈设中，为了配合慈禧对长寿的渴求，能工巧匠们精心制作了一块百寿玻璃屏风。屏风设在大殿宝座后，紫檀木框架，顶部雕有九龙。屏心为玻璃镜，镜面上装饰有 226 个不同写法的“寿”字。在颐和园中，寿字姿态万千，包容万象。瓦当上出现的“寿”字纹饰，或以长形、圆形等变体形态单独出现，圆形团寿象征无疾而终，生命圆满。或是与其他吉祥纹饰、梵文经咒字等组合在一起，如“日月同辉”纹饰。在瓦当居中位置，设有一异形长寿字，在祥云的衬托下，伴随在寿字两侧的太阳和月亮高高升起，象征着生命与日月同辉，与天地同寿。琉璃作为皇家宫殿、佛殿神庙特有的装饰材料，本身就象征着封建等级与秩序。在颐和园中，万寿山翠翠浓荫仍掩盖不住转轮藏上“福禄寿”三星的熠熠光彩。福禄寿三星是中国民间传说中的天上吉星，代表五福临门、高官厚禄、长命百岁，是道教中的神仙形象。乾隆年间兴建的转轮藏是一组佛教建筑，宝顶上却立有道教神仙，这种释道共生的独特现象，是帝王对多元宗教信仰的兼容并包，是民间世俗文化在皇家苑囿中的扦插，也暗含一些统治者福荫于民、普天同寿的意味。

2. 楹联匾额

楹联匾额是中国传统建筑的必要组成部分，是古建筑的点睛之笔。匾额一般悬挂于门屏上作装饰，反映建筑物名称和性质，表达人们义理、情感、寄寓等。颐和园中的匾额几乎无处不在，内容广博、形式多样，与园林建筑、历史、文化、艺术等相结合，文景辉映、妙趣横生、含意深远。颐和园的匾额分为题名匾和抒意匾两种，前者单纯命名，后者是对前者的补充与发挥。以仁寿殿和乐寿堂为例，可窥一斑而识全豹。仁寿殿是仁者长寿之殿。受儒家“君子比德”思想的影响，统治者都标榜自己为仁德之君，广施仁政，江山永固，福寿延年。仁寿殿内檐匾额——大圆宝镜，寓意统治者的智慧犹如大圆明镜般，可以洞察世间的一切。笃信佛教的慈禧太后对“大圆宝镜”寓意情有独钟，颐和园重建后，此匾的悬挂成为迎合她万寿庆典的绝佳装饰。乐寿堂作为帝后生活区“后寝”的中心，是乾隆皇帝为母六十岁寿辰所建。光绪朝重修时，改双层建筑为单层殿堂，成为慈禧太后游幸驻跸颐和园时的主要居所。乐寿堂意为仁智者欢乐的长寿之堂。乾隆晚年担心后人误解他贪图安逸享受，不思进取，所以把“万寿山”、“乐寿堂”、故宫“宁寿宫”三个题名解释为“三寿作朋”，取意《诗经·鲁颂》：“不亏不崩，不震不腾。三寿作朋，如冈如陵。”与上中下三寿为朋，永保江山稳固，国泰民安。表达了乾隆皇帝经营王朝盛世的信心和必保江山永固的统治信念。

颐和园祝寿核心区的排云门、排云殿以及配殿、后殿等处的楹联总共有十多副，只有排云殿后柱、排云殿内柱两联各有一个寿字，其他各联没有。虽然不用寿字，却没有离开主题，这些联所描述的、渲染的氛围是国运的兴隆、皇家的福祉、吉祥的气象、天人的和谐。民人庆寿，营造的是阖家欢乐的气氛，因为家庭主人的寿夭，其影响只及其一家。而皇帝就不同了，他是国家的共主，企盼的是国泰民安局面下的长寿。排云殿二宫门楹联：“宝祚无疆万年绵茀禄，天颜有喜四海庆蕃釐”，意思是：国运长久，长享福禄绵延万载；皇帝欢欣，四海共祝洪福齐天。联中虽不言寿字，却为万寿庆典烘托了庆寿的气氛。

3. 彩画

颐和园长廊是世界上最长的画廊，是园林建筑中最为浓墨重彩的大手笔，是前山后水的纽带界限，是道法自然的装饰品。长廊始建于乾隆十五年（1750 年），全长 728 米，以苏式彩画的形式描绘出绚丽多彩、题材多样、笔触细腻的壮美画卷。在这些艺术佳作中，不乏以福寿文化为题材的作品。麻姑献寿彩画，取自民间广泛流传的传说故事，每年三月初三是王母娘娘的生日，在宴请众仙人的蟠桃盛会上，麻姑总要献上用灵芝草酿成的仙酒，为王母贺寿。麻姑成为中国古代神话中的长寿女神，在民间为女寿星祝寿时，常挂《麻姑献寿图》，寓意延年益寿，青春永驻。福寿自古为一家，有福之人必长寿，福寿也是人类千百年来祈愿追求的目标。在五福庆寿彩画中，描绘着一位老者张开双臂，迎接空中飞来的五只蝙蝠。预示着五福庆寿、五福迎祥、天赐洪福等。“五福”在不同时代，诠释也不尽相同。《尚书·洪范》释义为长寿、富有、康宁 、修德、善终。民间把“五福”解释为“福、禄、寿、禧、财”，简单明了、通俗易懂。廊中的幅幅彩画是链接中华传统文化的重要元素，是装载中华传统文化内涵的宝库，是构成古典园林艺术神韵的鸿篇伟作。

2.2.2 精神载体

1. 园居

在颐和园中，有望不尽、数不清的有形“寿”文化遗产，还有蕴藏在皇家戏曲演出，万寿庆典、祭祀仪式中的无形“寿”文化宝藏。这些宝藏都被深深烙印上“寿”的符号。乾隆时期，清漪园只作为帝王散志澄怀、奉母游幸的场所，主要的政务、礼仪、生活区都在紫禁城、西苑、畅春园、圆明园等处。皇帝临幸清漪园，“辰来午返”并不驻跸，园子的功能也相对简单。档案中记载乾隆在园中的活动也只限于阅水军、赐游园、接待使者等，娱乐饮宴活动凤毛麟角，唯一有记载是乾隆皇帝曾在听鹂馆戏台上为母唱戏祝寿，一代天子的孝母之心可见一斑。孝之善举，不仅皇帝本人遵从，而且以他的实际行动昭告天下子民：万事孝为先的道理。于是有了乾隆盛世，有了乾隆朝百姓的安居乐业，有了皇帝亲自摆下的“千叟宴”，寿与孝成为一种国风和民风。

慈禧重建颐和园后，这里成为第二个紫禁城，是全国重要的政治、军事、文化、外交中心，功能及性质发生了很大改变，帝后的园居生活也随着颐和园各项功能的强化而日渐增多和丰富。在这里，慈禧把饮宴娱戏、万寿庆典等享乐活动发挥到极致。

2. 戏曲

清代，戏曲文化通过宫廷的推动逐渐发展，通俗化的民间戏曲走入宫廷，被统治者推崇，戏曲演出嵌入宫廷庆典和礼仪活动中，成为皇室宫廷生活和园居生活娱乐的重要组成部分。京剧的萌芽始于乾隆时期的“徽班进京”，1790 年是乾隆皇帝八十岁寿辰，为给其祝寿，四大徽班进京，徽班、汉调、秦腔以及其他多种地方戏也在此时大量进入北京，相互争奇斗艳，并在竞争和相互融合中发展，促进了清代戏剧艺术的第一次繁荣。其后的清廷统治者，特别是同治、光绪时期，都对戏曲极为热衷，慈禧太后更是嗜戏成瘾，她听戏赏曲的足迹遍及紫禁城、西苑、圆明园各处。重建颐和园后，清漪园时期遗留下的听鹂馆二层戏台已经满足不了她看戏的欲望，1894 年在原怡春堂的旧址上建起了一座三层高的大戏楼——德和园戏楼，作为慈禧六十岁万寿庆典的寿礼。戏楼体量庞大、功能齐全，分福禄寿三层，上演的剧目种类丰富，既有应承戏也有法宫雅奏的大戏。慈禧驻园后第二天就必看戏，逢万寿庆典，一连几天甚至数月，满园曲音声声入耳、绵绵不绝。据清宫《万寿庆典》档案中记载，为迎合庆寿气氛，德和园所演出的剧目多与福寿有关，如万寿长春、赐福延龄、箕筹五福、万寿祥平等。光绪二十三年（1897 年）十月初十日，慈禧皇太后万寿节，还曾在排云门外观“福禄寿灯戏”。她对戏曲演出的热衷，造就出几多戏剧名伶，被后人评价为戏剧界的功臣。在一定程度上也推动中国戏曲的发展。

3. 饮食

在民以食为天的中国，食物与人的寿命和国家的久治息息相关。自古人们就把对长寿者的雅称与食物关联在一起。如 88 岁可称为“米”寿，108 岁被称为“茶”寿。这两种饮食，都是人日常生活中不可或缺之物，是人生存繁衍所需能量的重要来源。食物在中国，是美味适口与养生益寿的完美统一，自古就有“医食同源，药食同补”之说，在食材选择、食物搭配、食用功效中，都饱含着生命的哲学和生活的智慧。清代统治者在保留原有民族饮食风俗的基础上，吸收借鉴历代宫廷肴馔精髓，汇入南北方各地区特色风味，招募具高超制作技艺的厨师，为宫廷制作悦目、福口、益寿、示尊之盛宴。在清代统治者中，堪称养生达人的乾隆与慈禧，更是把宫廷饮食文化发挥得淋漓尽致。乾隆皇帝曾在其母崇庆皇太后五十岁寿辰时，亲自筹办，献上二百余道附有吉祥名的贺寿膳食，如鸡肉三仙面称作三仙拱寿，枣糕玫瑰饼称作安期献寿、紫玉双雎。这些名称是乾隆皇帝为了讨得老母欢心，特命大臣杜撰出来的，有的名称贴切，有的则牵强附会。作为中国千年封建帝制中最为长寿的帝王——乾隆，与他深谙和谐之道、精研福寿之理不无关系。据乾隆《膳底档》中记载，多见鸡鸭等禽类，豆腐、豆芽、豆制品类也是乾隆膳桌上的常客。膳食平衡、搭配合理；饮有节、息有律；再辅以药膳，如八珍糕、寿桃丸等，成就了一代古稀天子——乾隆皇帝。

慈禧作为统治晚清中国 48 年的最高女性统治者，在政治上，她是反面人物的典型代表，但在养生保健上确是一位不折不扣的“专家”。清宫御膳在她的特别需求下，改良创新出许多富含胶原蛋白的佳肴，佐以花粉、水果等，达到滋补养颜、益气补血的功效。一些菜肴今天仍被爱美人士津津乐道。慈禧的万寿庆典，在等级和规模上都极力效仿崇庆皇太后，她在颐和园中建寿膳房——东八所，其中膳房、药房、茶房、豆腐房一应俱全，专门为其提供日常驻园饮膳及庆典时用饮宴。据慈禧万寿庆典膳单中所载，寿膳筵席有：祝福延年益寿的“万寿无疆席”、祝福吉祥如意的“福禄寿禧席”、象征太平盛世的“江山万代席”、注重营养保健的“延年益寿席”，还有“吉庆有余席”、“普天同乐席”等。其中以为慈禧太后祝寿的“万寿无疆席”最具特色和代表性，内含数道冠以吉祥名称的菜品、点心。如以燕窝和鸭子为主料的热菜，还有寿字饼、福字饼、鹤年饼等面点。这些肴馔、筵席无不满溢浓浓的滋补延年之韵味。

3 清漪园（颐和园）祈寿文化的价值分析

寿文化是从古至今人们孜孜以求的永恒赞歌，是人类追求生命真谛的现实写照，是人类共同的精神动力源泉。各时代对福寿文化的释义虽然有所不同，但“寿”的核心永恒。在当今社会，寿文化是重视健康、尊敬老人、文化传承的一种延伸和扩展。对于寿文化的研究和利用已经成为国内许多地区和景区的文化品牌，并成功运营和拓展为具有文化软实力的经典品牌，如山西寿阳的“中国寿文化之乡”、南岳衡山寿文化节大开发、西安楼观台道教文化区等等，都对寿文化的内涵和外延进行了最大程度的开发，实现了最大价值的产出。颐和园寿文化体系是生命文化、习俗文化、信仰文化、建筑文化、礼仪文化等的艺术积淀，如果经过一段时期的加工酝酿，推出一系列创新展示互动活动，在宣传园史特色文化、扩大社会影响力的同时，必将拉近皇家园林与游客间距离，挖掘出潜在的消费市场。

颐和园有着优秀的文化资源、社会知名度和文化展示、转化的平台，每年吸引着来自世界各地的游客 1400 余万人次，为文化产业的发展聚拢了人气，而且事业、企业双轨制的管理形式，也为文化产业的发展提供了可能。通过对国家宏观发展形势的分析以及对大众游客需求的摸底调查，让我们看到了寿文化在颐和园进行产业化推广的市场前景和创立文化品牌的可能性。通过实施旅游产业开发、文化产业延伸，来实现文化向产业的转化，拓展、延伸、开发出系列文化旅游产品、旅游套餐、旅游线路等可操作性强、社会反响力大的文化产品。以非物质文化遗产的形式恢复历史上清漪园、颐和园帝后祈寿的活动、宴饮；还可通过完全现代的载体，来综合体现出颐和园寿文化的精髓。丰富的文化展览、精美的旅游纪念品、参与性强的文化活动、盛大的寿宴、养生可口的寿膳等，都将为公众提供耳目一新的体验和对传统文化深入独到的见解，将文化的普及柔软地贯穿在游客游园的点滴细节中。

颐和园凭借世界文化遗产等得天独厚的优势，依托现代科技网络展示技术和媒体数字传播平台，继续丰富寿文化传播活动，吸引更多的中外游客和社会媒体，共同参与到弘扬中国传统文化的事业中，以期创造出良好的经济效益和社会效益。在社会主义文化大发展、大繁荣的机遇下，继续全面推出“色香味意形”俱全的传统文化饕餮盛宴，打造颐和园文化产业创新发展之路及分众化设计和推广的典范，建设和谐园林、美丽中国。

参考文献

[1] 刘毓庆，李蹊注 . 诗经 [M]. 北京：中华书局，2011.
[2] 高翠萍，陈文生 . 浅谈颐和园的古建瓦当文化 . 颐和园研究论文集 [M]. 北京：五洲传播出版社，2011:181.
[3] 夏成钢 . 湖山品题——颐和园匾额楹联解读 [M]. 北京：中国建筑工业出版社，2009.
[4] 易名 . 颐和园长廊彩画故事 [M]. 中国旅游出版社，2009.
[5] 翟小菊 . 德和园大戏台的历史、形制、活动 . 颐和园研究论文集 [M]. 五洲传播出版社，2011: 67.
[6] 北京市地方志编纂委员会 [M]. 北京志——颐和园志 . 北京出版社，2004.
[7] 徐慕云 . 中国戏剧史 [M]. 上海古籍出版社，2001.
[8] 姚伟钧，刘朴兵 . 清宫饮食养生秘籍 [M]. 中国书店，2007.

白居易的造园思想及赏石情趣

杨秀娟

唐代是中国古典园林发展过程中一个至关重要的阶段。这段时期，士大夫文人建筑第宅、开凿池沼，在邸宅中营建园林的风气日盛，并将绘画、文学等艺术精华融入园林，使园林呈现出以闲、静等为特征的一个平淡、内倾的特殊居住环境，催生了“文人园林”，形成新的造园体系，承前启后、别创美学新境界。而白居易的审美理念及他对园居生活的追求对“文人园林”的造园思想产生过非常重要的影响作用。

白居易是唐代著名诗人，一生中经历多地调任，从都城长安至江州、忠州、杭州、苏州和洛阳。其诗篇中，将住居赋为“闲居”的诗有很多。一类直接诗题为《闲居》，另一类赋“闲居”于诗中。数移其居，其“闲居”意识具有特殊含义，反映出白居易独特的哲学观与审美意识。后世一般评价白居易为成功者，然而其一生也曾几度挫折。从其“闲居”可透视其表面平稳生涯的另一面。在其传世的大量文学作品中，《庐山草堂记》、《池上篇》及《太湖石记》和数量众多的赏石诗文比较集中地体现了他的造园思想和审美偏好。对其进行分析，有助于了解唐代文人山水园的特征。

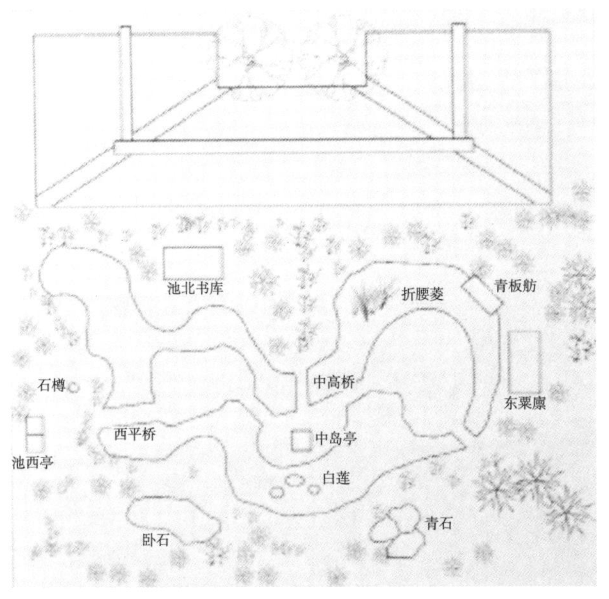

图 1　履道里宅园平面图
（图片来源：王南希等，《白居易的造园理论与实践》）

1　情景交融的园林布局思想

由于城市地域空间和经济条件所限，城市文人园占地规模都不会太大，并且日常生活的屋室面积也会占较大比例，周围可借用的环境景观也相应较少。但白居易的履道里宅园相对当时的城市生活来说，面积尚属可观。如《池上篇》所描述：“地方十七亩，屋宇三之一，水五之一，竹九之一，而岛池桥道间之”，十七亩约合现在的九千多平方米，作为私园，面积已相当可观。可看出，除了“三之一”的建筑面积用来满足生活所需外，水体为园中占地面积最大的重要元素，且水中还有三座小岛以桥相连，中间岛上建有亭子，可供乐童登岛进行表演。“池岛”成为园林观赏主体（图 1），围绕水池以及水中种植了大量植物。

而其在七年前构筑的庐山草堂，面积则要小很多，仅是“三间两柱，二室四牖……前有平地，轮广十丈，中有平台，半平地；台南有方池，倍平台。环池多山竹野卉，池中生白莲、白鱼”，但由于草堂本身处于幽美的自然环境中，可以将周围的美景很自然地借用到自家的居住环境中。在天然胜区相地而筑，无须费力便能做到“仰观山，俯听泉，傍睨竹树云石，自辰至酉，应接不暇”。从其描述上看，这里也仍是以水面为观赏主体，四周种植花木（图 2），就自然之胜，稍加润饰而构成自然山居。

这两处园林化的居所，反映出当时城市文人园和文人自然山水园的典型特征。白居易在《庐山草堂记》中说：“凡所止，虽一日二日，辄覆蒉土为台，聚拳石为山，环斗水为池，其喜山水，病癖若此。”虽然他自嘲这是一种病，但从中体现出，园林中融入了其人格、价值观和审美观，在创作和审美中追求的是意境和品格，注重的是感情寄托和情景交融，在咫尺之地中构建出大千世界的美景和精神的无限天地。

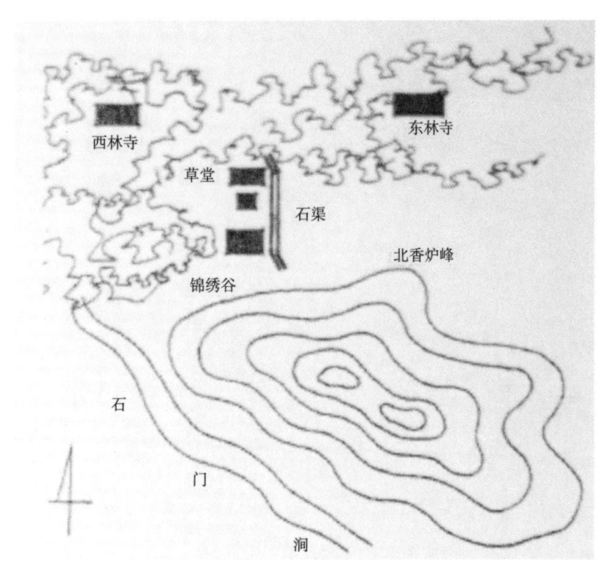

图 2　庐山草堂想象图（图片来源：周维权，《中国古典园林史》）

堂东的自然瀑布、堂西的人工叠水、春天的“锦绣谷花”、夏天的“石门涧云”、秋季的“虎溪月”、冬日的“炉峰雪”，“大仅十人围，高不知几百尺”的“古松老杉”、“朱实离离，不识其名”的“杂木异草”以及“飞泉、植茗”，都成为他的园林景观，植物是“山竹野卉”，池子里养的是白莲和白鱼。

白居易造园赏园崇尚简朴自然，这与庄子的“素朴而天下莫能与之争美”有相同的意思，也符合“道法自然”一说。他喜欢在园林里种植翠竹、青松、白莲等，以此养心怡性。《玩松竹二首》里：“前松后修竹，偃卧可终老。”《莲石》里“青石一二片，白莲三四枝。”这些寓意高雅的植物，也体现出白居易的自然观。同时，他这种简易园林观也是促进当时文人园林大发展的一个前提：“朱槛低墙上，清流小阁前。雇人栽菡萏，买石造潺爰。路笑淘官水，家愁费料钱。是非君莫问，一对一潸然”，如果不崇尚简易，很多文人可能也就造不起园林。

2　简素古朴的造园要素应用

白居易在其《池上篇》的序中提到了满足日常生活的屋宇、庭及亭、台、粟廪、书库等建筑构筑，并提到其主要用途，“虽有台池，无粟不能守也”，乃作池东粟廪；又曰：“虽有子弟，无书不能训也”，乃作池北书库；又曰：“虽有宾朋，无琴酒不能娱也，乃作池西琴亭，加石樽焉”。赏石类型则有：天竺石、太湖石、青石等，植物除了“有竹千竿”外，还有白莲、折腰菱，还饲养了两只华亭鹤、鸡犬等，生活气息非常浓厚。

相比之下，庐山草堂显得相对简陋：“木斫而已，不加丹；墙圬而已，不加白。砌阶用石，幂窗用纸，竹帘纻帏，率称是焉。堂中设木榻四，素屏二，漆琴一张，儒、道、佛书各两三卷。”更多的是借用了周围的秀山丽水：

3　精益的置石掇山审美取向

唐中后期，园林叠山理石技术也具有较高水平，山体造型和空间层次日渐丰富，并注重与建筑、水体、植物的和谐统一，山石景观价值进一步提升，体现出当时文人园林崇尚自然的美学原则。

白居易的《太湖石记》中对山石就是“列而置之”。“列”应该是把石头排列成竖立状的个体或组合造型，“置”应该是把石头安置稳妥的方法或技术，是否有石头的累叠，则未见详细记载或说法。这种“列而置之”的手法，应是对具有观赏价值单块石体的欣赏，或者是对同种石材的组合，讲究对石形石态的品赏。从成品于唐末的《高逸图》(图 3）中，可验证以上推测。

图中可见两组（块）山石，左面为独立观赏的置石，右面应为石质、形状、纹理、山势走向相同的一组石头的

图 3　唐・孙位 高逸图（图片来源：《中国绘画史图录》）

组合搭配，甚至有局部拼接，形成一座具有主宾层次的独立山体，围合出由远及近的空间，并与左面孤赏石形成对比统一的呼应关系。参照图中人物，可看出两组（块）山石并不高大，但山体走势追求峻险。可以看出当时人们对假山造型的审美观已经相当成熟。

白居易在《庐山草堂记》中就园山的叠构方法、形态、艺术标准等也做了相关总结："堂北五步，据层崖积石，嵌空垤块，杂木异草，盖覆其上"，阐明叠山和建筑的关系、堆砌的方法，材料仅是"高峰见数片"，而艺术效果应同其在《累土山》中所说的："堆土渐高山意出，终南移入户庭间"。说明当时在空间有限的户庭间，采用抽象的艺术表现手法，将自然景观进行了高度提炼以及构山叠石技法之巧妙。

随着叠山理石技术的提高，水石结合的瀑布景观在唐代也趋于精微，从《庐山草堂记》中仍可窥得一斑："堂西，倚北崖右趾，以剖竹架空，引泉上崖，脉分线悬，自檐注砌，累累如贯珠，霏微如雨露"，另外和白居易同时代的元稹也做过类似描述"即悬庭前之水，取欹曲窦缺之石，高下承之，水声少似，听之亦便"，说明当时造园注重以石衬水，水击石响，更觉深幽，注重园林中收纳自然景观时形式的多样性。

此外，从白居易的诗文描述中，可以看到，叠山理石也注重与建筑、水体、植物的个性搭配，提倡整体景观效果。"嘉木怪石"或者是珍木、奇石、清泉的组合较为常见。还出现了如松石、竹石等对后世造园、山水画影响深远的组合，由图 3 中也可看到这类组合。

4　中隐的园居生活

白居易中隐的理论和以园林为身心载体的生活方式，在中唐士人中具有典型意义。他的园林自适、简朴，注重在片石勺水中、一花一木间放松精神、体味人生，园林成为"中隐"思想的最好现实物质依托。诗文里大量出现诸如"适意、修心、惬情、悠然、翛然、颓然、陶然"等词语，勾画出其身心畅游于园林之中、涤荡世俗尘垢的忘我境界。

其寄情山水的放旷情怀、回归自然造化、自适风雅的生活艺术情趣对园林审美意识起了很大影响。他在园林里的身心体验无所不在："有水一池，有竹千竿。有堂有庭，有桥有船。有书有酒，有歌有弦。有叟在中，白须飘然。识分知足，外无求焉。灵鹤怪石，紫菱白莲。皆吾所好。时饮一杯，或吟一篇。"优哉游哉，高朋满座时，还有"乐童登中岛亭，合奏《霓裳散序》"，"物诱气随，外适内和。一宿体宁，再宿心恬，三宿后颓然嗒然，不知其然而然"。说明他经常请客聚会、野游踏青、笙歌弦诵、赏花吟月、长睡呆坐，在自家园林中得到内心的恬淡平和、娴静的精神享受，生活很是惬意。

他的《中隐》体现了他亦官亦隐的生活方式："大隐住朝市，小隐入丘樊。丘樊太冷落，朝市太嚣喧。不如作中隐，隐在留司官。似出复似处，非忙亦非闲。……唯此中隐士，致身吉且安。穷通与丰约，正在四者间。"这种"中隐"方式不再苛刻儒家式的涉世过深，也不消极避世。文人可以在片石勺水、丛花数竹中寓情游心、体验山林深境，在有限的空间形态中求得一己性情的自得自适。从而也赋予了园林新的性格。

5　独到的赏石情趣

除了中隐的生活方式，以白居易为首的唐代达官贵人和文人雅士赏石之风极盛，白居易的多篇咏赞奇石的诗文，如《盘石铭》、《太湖石记》、《涌云石》、《太湖石》等，表现出对赏石的独到见解，为我国奇石文化的形成奠定了理论基础。他将观赏石分级分类，认为石有大小，期数四等，以甲乙丙丁品之，每品有上中下："石有族，太湖石甲，罗浮天竺次之"，为以后山石鉴赏上升到系统的理论层面奠定了基础；"则三山五岳，百洞千壑，覼缕簇缩，尽在其中；百仞一拳，千里一瞬，坐而得之"深刻地阐述了赏石文化中"小中见大，不出屋门见青山"的缩景艺术理念；"有端俨挺立如真人官吏者，有缜密削成如硅瓒者，有廉棱锐刿如剑戟者，又有如虬如凤、若跧若动、将翔将踊、如鬼如兽、若行若骤、将攫将斗者"则表达了对奇特外形的欣赏；品鉴石的纹理"有平石，以手摩之，皆隐隐云霞龙凤草树之形"；赋予石以人格化品性："回头问双石，能伴老夫否？石虽不能言，许我为三友"；对石的态度是"待之如宾友，视之如贤哲，重之如宝玉，爱之如儿孙"；使用也很因地适宜，或坐或卧，或"题寄、歌诗皆铭于石"。

在他的引领下，如元稹、王维、李白、杜甫、裴度、李贺、皮日休、杜牧、孟郊、刘禹锡、李德裕、李商隐、牛僧儒、梅宛陵等，也爱石、品石、藏石、咏石，大量脍炙人口的有关赏石的故事，至今仍被传为佳话，也为后人留下了宝贵的赏石文化遗产。

6　结语

白居易作为中唐文人造园家和园林美学思想家，通过不断调适生存环境、拓展精神空间，从而奠定了其在历史上的不朽价值，在中外文学和造园艺术中都影响巨大。

白居易把自己的诗分为讽喻、闲适、感伤、杂律四类，其中体现出的“闲适”“感伤”的审美情趣和佛道思想符合唐代的文化背景，诗文中所表现的园池形式、趣味意境对唐代造园理想和范本的影响为最。其文人的艺术素养与情操通过造园的实践表现得淋漓尽致，借物咏志，借景抒情，平庸中有蕴藉，清幽中显画意，精致中见诗情，无论是出于时局所迫还是发自心灵的追求，他用自己独特的方式，“以泉石竹树养心，借诗酒琴书怡性”，留下了不同感官享受的艺术遗产，值得后人认真研究学习。

参考文献

[1]（唐）白居易．草堂记．见：陈从周，蒋启霆选编．园综 [M]. 同济大学出版社，2004:452.
[2]（唐）白居易．池上篇并序．白居易集 [M]. 卷四十三．
[3]（唐）白居易．太湖石记．白居易集 [M]. 卷四十三．
[4]（唐）李德裕．平泉山居草木记．见：陈从周，蒋启霆选编．园综 [M]. 同济大学出版社，2004.
[5]（唐）白居易．裴侍中晋公以集贤林亭即事诗二十六韵见增．白居易集 [M]. 卷二十九．
[6]（唐）白居易．双石．白居易集 [M]. 卷四十．
[7]（唐）白居易．酬吴七见寄．白居易集 [M]. 卷六．
[8]（唐）白居易．骆生弃官居此二十余年．白居易集 [M]. 卷二十．
[9] 周维权．中国古典园林史 [M]．北京：清华大学出版社，1999.
[10] 徐邦达．中国绘画史图录 [M]．上海：上海人民出版社，1981.
[11] 刘庭风．池上篇与《履道里园林》[J]．古建筑文物集萃，2001, (04):49-51.
[12] 王南希，吕明伟，董璁．白居易的造园理论与实践 [J]．建筑与文化，2014, (02):94-95.

中国狮文化及其发展演变

张宝鑫

狮子是大型猫科动物，为食肉性高等脊椎动物。近年来，科学家根据其进化的轨迹得出结论，狮子起源于约12.4万年前的非洲东部和南部。在长期进化过程中，现代狮子逐步演变成了两类：一类生活在非洲的东部和南部；另一类则生活在非洲中部和西部以及印度的部分地区。在原产地的非洲和亚洲西部等地区，狮子的自然栖息环境为热带稀树草原、草地以及灌木和旱林。狮子体型矫健、性情威猛，被称为西方动物世界的“百兽之王”，与此相适应，原产地的狮文化表现是以真实狮子为依据的写实手法。而中国历史上的广大区域内并不出产狮子，狮子从西域传入中国后，经历了“贡献品—宗教化—世俗化”的演化过程，经过本土动物文化与外来文化相互融合，产生了充分写实和高度神化的中国狮子文化，具有与众不同的特殊性。

1 狮文化溯源

中国并非狮子的原产地，狮子在中国是一种典型的外来动物，中国的狮文化是在本土动物文化和外来文化共同作用基础上逐渐形成和发展起来的。中国历史上广大的区域内并不产狮子，甚至在汉代以前也并没有“狮子（师子）”的称呼。在汉代之前作为古代园林雏形的帝王苑囿中，驯养了熊罴、虎豹等猛兽和犀象等大型动物，但并没有关于饲养狮子的相关文字记载。

成书于周代的《穆天子传》中描述了周穆王驾八骏巡游西域的情况，其中有“狻猊野马，走五百里”的记载，晋代郭璞注释说“狻猊，师子（狮子）”，根据学界对《穆天子传》成书年限的一般认识，“狻猊”作为外来词传入中国的时间大致在春秋战国时期，汉代初年所作的《尔雅·释兽》中记载，有“狻猊，如虦猫，食虎豹”，从这些文字的描述不难看出，在古代中国人所熟悉的虎、豹等原产动物之外，在中国西部以外还存在一种特别的动物，带有一定的神异色彩。“狻猊”的称呼在汉代之前就已经流传，与天禄、辟邪和麒麟等都称为神兽。而至迟到晋代时，才将“狻猊”这个称呼和“师子（狮子）”对等起来，但在之后的历史记载中，并没有采用“狻猊”这个早已经存在的名词来称呼狮子这种动物。

史书中首次出现师（狮）子记载的是在《汉书·西域传》中，乌弋“有桃拔、师子、犀牛”，《正义》记载：汉书云“条枝出师子、犀牛、孔雀、大雀，其卵如瓮”，反映了当时中原地区对西域国家出产狮子的认识，可以看出“师子”作为外来称呼至迟于汉代已经传入中原地区，并且是名称先于动物本身传入中国。西汉张骞出使西域开启丝绸之路后，中国与西域各地交流逐渐频繁，西域和东南亚所产的各种珍禽异兽作为“殊方异物”开始引入中原大地，并出现在皇家苑囿中，根据《汉书·西域传赞》记载，丝绸之路开辟后，“蒲梢、龙文、鱼目、汗血之马充于黄门，钜象、师子、猛犬、大雀之群食于外囿。殊方异物，四面而至”。

东汉时期，狮子作为贡献品开始进入中原地区，《后汉书》中有历史上最早的贡狮记载：章和元年（87年），“西域长史班超击莎车，大破之。月氏国遣使献扶拔、师子”。章和二年（88年），“安息国遣使献师子、扶拔”，和帝永元十三年（101年），“安息王满屈献师子、大鸟，世谓之安息雀”。可见这一时期狮子作为贡献品正式进入中原地区。狮子进入中国后，大多被圈养于帝王苑囿中，作为珍贵的异域贡献品供帝王欣赏，而普通百姓则难得一见，因此对狮子并不熟悉。成书于东汉时期的《东观汉记》记载：“狮子形如虎，正黄，有髯耏，尾端茸毛大如斗，铜头铁额，钩爪锯牙，弥耳跪足，目光如电，声吼如雷，能食虎豹，外国之产”，非常写实地描述了狮子的基本特征，这也是对狮子形象最早的清晰记载。

汉代以后狮子的形象逐渐为人们所熟悉，《宋书·列传第三十六》记载：“林邑王范阳迈倾国来拒，以具装被象，前后无际，士卒不能当。悫曰：‘吾闻师子威服百兽。’乃制其形，与象相御，象果惊奔，众因溃散，遂克林邑”。宗悫应该是听过或见过狮子形象的，这样才可能仿造狮子模型，因而吓退大象。《宋书·本纪第五》记载：“师子国遣使献方物”，此后师子国的称呼在史书中多次出现，根据相关考证研究，师子国即是现在的斯里兰卡，狮子国的名称是由中国人所起，来源于僧伽罗的音译，但其实斯里兰卡并不产狮子，这也在一定程度上反映了此时期狮子在中国大地的广泛影响力。《南齐书·列传第四十芮芮虏》曰：“献师子皮裤褶，皮如虎皮，色白毛短。时有贾胡在蜀见之，云此非师子皮，乃扶拔皮也”。贡献的是狮子皮做的衣服，但当时见到这个皮裤褶的胡人商人认为不是狮子皮，而是扶拔皮，这里的“扶拔”也是一种神秘的动物，常见于古代的典籍，这段记载可以看出，这一时期有人可以分辨狮子与其他动物的区别。

佛教是中国狮文化形成和广泛传播的重要载体，狮子形象的广泛流传与佛教在中国的传播关系密切。狮子在佛教中拥有至高无上的地位，佛教产生后狮子就成为释迦牟尼的化身，佛经中将释迦牟尼比为“人中狮子”，佛说法称为“狮子吼”，佛造像中文殊菩萨和观音菩萨均有狮子座之上的造型，民间认为文殊菩萨的坐骑即为一头凶猛的青狮。东汉时期佛教传入中国后，为宗教教义服务的狮文化也开始逐渐被中国人所认知，狮子受到佛教信众的礼遇，早期的文献中狮子名词为音译并写作“师子”，而没有沿用“狻猊”这一既有与狮子同义的名词，在某种程度上就反映了这种尊重和礼遇。佛教中以护法为主的狮子形象威严庄重，佛教开始盛行以后，与之相伴随的狮子形象在社会文化的不同层面产生了深远的影响，中国本土的道教甚至直接吸收了佛教狮子座的方式（图 1）。

在狮子原产地，狮子为人们守护着神庙、门阙和陵墓等，成为人们精神上的守护神。约建于公元前 2650 年的古埃及哈夫拉王朝的狮身人面像，开创了以石狮守护陵墓的先河。中国古代帝王贵族在陵墓前设置石兽始于春秋战国时期，盛行于秦汉。从东汉时期开始，狮子开始出现在陵墓石兽中，起着镇守驱邪的作用，从现存实物来看，以山东嘉祥县武氏祠堂前的石狮和四川雅安高颐墓前的石狮为代表（图 1），这一时期狮子形象的写实性不强，神异的色彩较为突出，可能与造像者或工匠没有真正见过狮子有关。

图 1　汉代高颐墓石狮（图片来源：网络）

2　狮文化的形成与造型演变

东汉以后，西域进贡狮子的记载逐渐增多，据《北史》记载：“建义元年（385 年）夏，丑奴击宝夤于灵州，禽之，遂僭大号。时获西北贡师子，因称神兽元年，置百官”，可以看出此时人们的意识中狮子还具有神异的色彩。《北齐书》记载“以解胡言，为西域大使，得胡师子来献，以功得河东守”，高氏凭借进献狮子获得了官职，确实显出狮子在中原地区的珍贵。

这一时期狮子为更多人所知，三国时期魏人孟康在《汉书·西域传》的注释中，对“师（狮）”解释为“似虎，正黄，有冉冉，尾端茸毛大如斗”，可以看出真实准确地描述了雄性狮子的外貌特征。对狮子的认识，《洛阳伽蓝记》中也有相关记载，“庄帝（汉明帝刘庄）谓侍中李彧曰：‘朕闻虎见狮必伏，可觅试之。’于是，诏近山郡县捕虎以送。巩县、山阳并送二虎一豹。帝在华林园观之。于是，虎豹见狮子悉皆瞑目不敢仰视。”

狮子形象经过汉代的传播，至三国时期又趋向于追求神似，南北朝时期的狮子形象逐渐神异化，源于真狮形象而稍加变形，狮身上多有羽翼和云纹等，狮子造型有走狮和翼狮等不同形象。其中走狮的写实程度高，是传入中国较早的一种狮子图样，从东汉直到唐代，走狮成为皇帝与王公将相陵墓前守护狮子的主要形象。东汉时期的石狮在模仿西域走狮方面基本遵循实际情况，与真狮的形象差别不是很大，南北朝时期则完全进入神化阶段，与真狮相比变形剧烈。翼狮从东汉到南北朝时期比较流行，陵墓狮身带翼应是受到了西亚和希腊狮文化的影响，至隋唐以后翼狮的形象逐渐衰落。

伴随着佛教在中国的盛行，魏晋时期狮子在人们的认知中逐步演变成为一种瑞兽，但出现了猛狮和驯狮两种不同形象，狮子形象被赋予了镇宅守墓、驱邪御凶等诸多功能（图 2）。狮子的形象还出现在佛教建筑的装饰中，《洛阳伽蓝记·城内》记载：永宁寺“拱门有四力士、四师子”。

这一时期表达吉祥寓意的狮纹装饰或胡人骑狮等形象开始出现在青瓷等物品中，成为当时艺术创作的重要主题。早在西晋时期，民间就流行使用青瓷狮形灯座插烛照

图2 佛教壁画中的狮子形象

图3 北齐佛造像中的狮子座

明，长沙窑褐彩注子上还有模印贴花狮纹等，此外，狮子的形象还出现在丝织品、家具、玉器等器物上，从形象上来说狮子比较写实。

魏晋南北朝时期陵墓前置石狮较为常见，帝王陵前置石狮最早出现在北魏孝庄帝静陵，但当时的石狮等“象生”，在数量和排列顺序上并没有明确规定，而陵墓前的辟邪、天禄、麒麟等皆含有狮子的外貌特征元素。由于狮子是猫科中唯一雌雄双态的动物，雄狮和雌狮在外观和形态上有明显区别，最为典型的特征是雄狮有鬃毛而雌狮没有。中国狮文化形成的初期狮子形象为雄性狮，并没有真实反映雌雄两态的现实情况。随着西域狮子的不断入贡，人们对狮子认识更加深化，狮子形象的写实风格明显增强，约从北齐时期开始，部分菩萨造像的狮子座上的两只狮子不再是一对雄狮，而是表现为一雌一雄的对狮（图3），其后来源于这种佛造像狮子座上的雌雄对狮造型，开始出现在建筑入口等地方，并逐渐成为狮子造型的主流。雌雄双狮的配对出现，是中国传统文化的创造。

随着狮文化的不断发展，魏晋时期还出现了最早出现关于舞狮运动的文字记载，孟康对《汉书·礼乐志》中“象人”注释道：“象人，若今戏鱼、虾、狮子者也”，也就是表演活动中扮演鱼、虾、狮子的人。《洛阳伽蓝记》记述当时洛阳西阳门内皇家大道北段延年里的长秋，寺里的释迦牟尼佛像出行时，“辟邪狮子，引导其前”，这里的师子（狮子）当是百戏化装，而不是真兽。

3 狮文化的普及与世俗化

隋唐时期是封建社会发展的高峰期，国力强盛，文化繁荣。随着中原地区与西域交流的频繁，狮子作为贡献品不断进入皇家禁苑中。据《新唐书》和《旧唐书》记载，康居国、波斯国、吐火罗国等分别贡献过狮子。唐太宗李世民曾命虞世南作《狮子赋》，“阔臆修尾，劲毫柔毳。钩爪锯牙，藏锋蓄锐。弭耳宛足，伺闲借势”。很多画家都曾画过狮子，据《历代名画记》记载，尉迟乙僧曾画过《湿耳狮子》，阎立本曾作《职贡狮子图》，但画皆已不存，陕西富平朱家道唐墓壁画中有一幅《卧狮图》。可见，此时期民众接触真狮子的机会更多，即便没有机会见到狮子的工匠也能通过绘画、佛经和文字描述等熟悉狮子的体貌特征，从而更加真实地创作狮子艺术形象，狮子造型和形象进入一个更加写实的阶段，留存至今的唐代陵墓狮、陶瓷狮等基本上保留了从西域运来时的真实面貌（图4）。从唐代开始，狮子正式作为守护帝王陵墓“象生”中的主要仪卫，并且石狮的朝向、数量、规格有了统一的规定，且狮子造型的写实风格突出，陵墓狮造型以写实性强的走狮为主。随着佛教达到普遍兴盛的局面，受佛教造像中护法双狮等的影响，蹲狮成为隋唐以后守门狮子的经典样式，一般是一雌一雄，由此蹲狮造型成为主流的狮子形象（图5）。

图 4 唐代狮子形象

图 5 唐代石狮

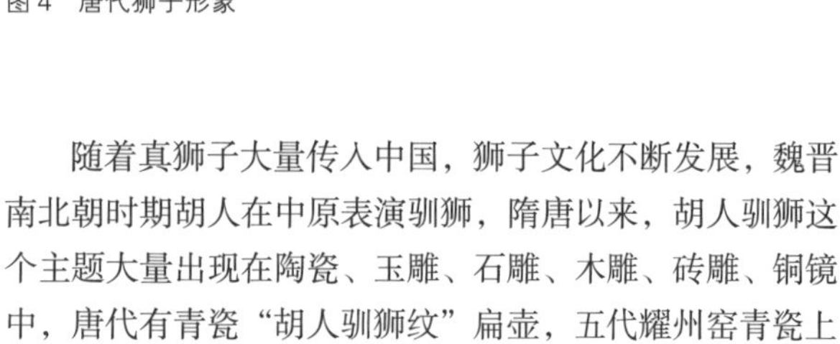

随着真狮子大量传入中国，狮子文化不断发展，魏晋南北朝时期胡人在中原表演驯狮，隋唐以来，胡人驯狮这个主题大量出现在陶瓷、玉雕、石雕、木雕、砖雕、铜镜中，唐代有青瓷“胡人驯狮纹”扁壶，五代耀州窑青瓷上出现了双狮追逐嬉戏纹样，开后世狮戏类纹饰之先河。

隋唐时期舞狮子开始流行，狮子舞表演具有很浓厚的异域色彩。唐段安节《乐府杂寻》中记载：“戏有五方狮子，高丈余，各衣五色，每一狮子，有十二人，戴红抹额，衣画衣，执红拂子，谓之狮子郎，舞太平乐曲。”白居易《西凉伎》诗中对此有生动的描绘：“西凉伎，西凉伎，假面胡人假狮子。刻木为头丝作尾，金镀眼睛银帖齿。奋迅毛衣摆双耳，如从流沙来万里”。诗中描述的是当时舞狮的情景，扮演狮子的为一前一后两个人，从唐代出土的舞狮俑也可以看出。

两宋时期，正史中关于贡狮的记载有 4 次，宋真宗大中祥符四年（1011 年），占城“遣使贡狮子，诏畜于苑中。使者留二蛮人以给豢养，上怜其怀土，厚给资，遣还。”宋神宗元丰三年（1080 年），“广西经略司言，知南丹州莫世忍贡银、香、狮子、马，遂赐以印”。宋哲宗元祐八年（1093 年），“十二月壬戌，于阗进狮子，诏却之”，但仍然“赐钱百万”。宋哲宗绍圣元年（1094 年），“夏，阿里骨以狮子来献，帝虑非其土性，厚赐而还之”。这一时期，西域真狮和写实性西域狮文化传入，加之此时期本土文化艺术的世俗化，狮子的形象发生改变，明显的特征就是狮子的颈项中加上了一条项饰，狮子形象从野性转化为驯化，狮子态减弱，最终定型为挂着铃铛的雄狮和雌狮，以抢球和抱幼狮作为狮文化的固定格式。

宋代以后，“狮子戏绣球纹”开始盛行，时称“狮球纹”，如宋代定窑白釉瓷盘上有印花“狮球纹”。这种纹饰在元、明、清三代依然流行，构图上有“双狮戏球”、

图 6 （宋）苏汉臣，《百子嬉春图》中的舞狮形象

“三狮戏球”等。宋代舞狮子成为重要的活动，《东京梦华录》卷七《驾登宝津楼诸军呈百戏》中记载“鼓笛举一红巾者弄大旗，次狮豹入场，坐作进退”。苏汉臣婴戏图《百子嬉春图》中有狮子舞的场景（图 6），两个小孩子披着狮子皮扮演狮子，旁边的小孩子或者牵着狮子或拿着小鼓追赶狮子。直到北宋，才出现“狮”字，释为猛兽，但人们仍用“师子”来称呼狮子，到了明代，“狮子”才正式替代“师子”。李时珍在《本草纲目》中说：“狮子出西域诸国，为百兽长。”

元、明、清三代，封建社会进入晚期，作为贡献品的狮子仍然较多。元代正史中记载的贡狮有 4 次，古人画的贡狮写真，现在能见到最早的就是元人画《贡獒图》

图 7 （元）佚名，《元人贡獒图》

（图 7），从图中可以看出作者明显将狮子和獒混淆了。明代是西域贡狮进入中原地区的高峰期，郑和下西洋时从马六甲带回狮子，狮子传入又多了一条海路途径，据《明史》记载，“宣德五年，郑和使西洋……往返经岁，市奇珍异宝及麒麟、狮子、鸵鸡以归”。清代由于西域和中亚地区气候变化，狮子种群的数量减少，自西域而来的贡狮也非常少，最后一次史书中记载的贡狮为清康熙十七年（1678 年）八月初二，“西洋国主阿丰素（葡萄牙）遣其臣本多白勒拉贡狮子、进表”，八月初六日，康熙“诣太皇太后、皇太后宫，恭进狮子”，随后召掌院学士陈廷敬、侍读学士叶方蔼等臣子同观狮子，并令作诗（《康熙起居注》）。

自此，中国狮文化在继承前代的基础上基本定局。狮文化进一步渗透到民间，表现出了世俗化的特征，狮子造型变化多样，应用范围扩大，作为一种建筑的装饰，大量出现在宫殿、寺观、衙署以及官员、贵族和富户的住宅门口，元代熊梦祥《析津志》记载：“都中显宦硕税之家，解库门首，多以生铁铸狮子，左右门外连座，或以白石民，亦如上放顿”。此外，狮子还出现在明清时期官员的补服中，其中二品武官补服上的形象就是狮子（图 8）。

图 8　明代二品武职官员补服上的狮子形象

图 9　香山碧云寺清代石狮子

图 10　明代彩釉狮子

从狮子形象上来说，元代狮子在形象上体现了雄劲强悍的特色，头小，爪利，体躯劲健；明代的狮子则精雕细刻，装饰华美，一丝不苟的狮子配饰和玲珑细巧的铃铛座基，开创了又一代中国狮文化；清代狮子形象更加纤细、玲珑和多样化，成为最广泛应用的吉祥物和吉祥纹饰。清代《扬州画舫录》中狮子的营造格式为："狮子分头、脸、身、腿、牙、胯、绣带、铃铛、旋螺纹、滚凿绣珠、出凿崽子"，可以看出，铃铛、绣带、绣珠等，基本也是按照家犬的标配来装饰（图 9、图 10）。

4　结语

在漫长的历史发展过程中，与龙、凤、麒麟等中国神话动物所形成的文化背景不同，中国狮文化是在真实动物基础上赋予了更多的神异色彩。狮子形象从神秘到神化，通过逐渐与中国本土动物文化和神话体系中的神兽相融合，产生了别具特色的中国狮文化，丰富多彩的狮文化逐渐融入人民生活，成为传统动物文化中的重要内容。中国狮文化也完全不同于原产地和传播地的狮文化，而其中的狮子作为外来之物，成为中西文化交流的重要见证。

参考文献

[1] 刘自兵 . 佛教东传与中国的狮子文化 [J]. 东南文化，2008(3).
[2] 林移刚 . 狮子入华考 [J]. 民俗研究 ,2014(1).
[3] 侯立兵 . 狮子入华相关问题再考——与林移刚先生商榷 [J]. 江汉大学学报（社会科学版）2015,(32): 1.
[4] 尚永琪 . 莲花上的狮子——内陆欧亚的物种、图像和传说 [M]. 北京：商务印书馆，2014.

论王维山水画作品反映的生态思想

滕元

以王维为代表的文人山水画起源于魏晋南北朝，形成并发祥于唐宋，是中国山水画的重要内容。这些作品不仅反映着中国绘画艺术的发展变迁，同时也体现着各个时代特有的哲学艺术思想。绘画的功能也从早期的“载道”逐渐向着“抒情”的方向演变，甚至出现了“以画入园”的倾向，由此显现出中国山水画不同于西方风景画的独特之处。古代文人的私园营造常常和山水画有着某种联系，也就是说，山水画在某些方面还体现着文人对于“理想家园”的建设理念，在一定意义上对人居环境的规划发挥着指导作用。近年来，城市发展所引发的关于生态环境的问题日益得到关注，人们开始将目光重新投放到传统文化中，希望通过对传统文化的解读，发现其中对于今天的生态建设有价值的内容。

1　王维山水画风格形成的客观背景

王维生平及其绘画成就，《旧唐书·王维传》记载：“维以诗名盛于开元、天宝间，昆仲宦游两都，凡诸王驸马豪右贵势之门，无不拂席迎之，宁王、薛王待之如师友。维尤长五言诗，书画特臻其妙，笔踪措思，参于造化，而创意经图，即有所缺，如山水平远，云峰石色，绝迹天机，非绘者之所及也。”[①] 王维以诗名和孟浩然并称，又因其参禅理佛，以“诗佛”的美誉和“诗仙”李白、“诗圣”杜甫齐名，擅音律，通乐理。史载，“人有得《奏乐图》，不知其名，维视之曰：‘《霓裳》第三叠第一拍也。’好事者集乐工按之，一无差，咸服其精思。”[②] 这样一位才华横溢的诗人、画家、音乐家所涉猎的范围还不止于此，作为辋川别业的主人，王维还显示了他对于造园的热忱和在生态学方面的独到见解。

王维生于武周长安元年（701年），当时的社会经济发达，文化、军事、科技均处于世界领先地位。在外交方面，唐朝与世界许多国家交流频繁，宗教政策也相对宽容。开元九年（721年），王维以20岁的年纪中进士第，此后历任右拾遗、监察御史、左补阙、库部郎中、给事中。他的政治生涯开端很早，却几经波折，安史之乱是唐朝政治和王维个人生涯的重大转折。开元二十四年（736年），张九龄罢相，玄宗的统治状况进一步恶化。世事无常的经历对王维的内心触动很深，由此也更醉心于诗画艺术的研究。

给事中一职在唐代隶属于门下省，是常侍帝王左右、需要每日上朝谒见的官员，王维官拜给事中，加之又以文采出众成为薛王、宁王等皇族贵戚的座上常客，可以说是个不折不扣的贵族官僚。他与上层社会的往来以及由此不得不卷入的政治漩涡，一方面使他在艺术和思想上得到了洗礼，另一方面也使他更清楚地看到了朝廷的昏聩和社会的腐败。上层社会的奢靡、腐朽迫使他屈从，家庭的影响和个人的修养又使他与整个阶层格格不入。因此，当政治生态环境变得越来越窒息的时候，在终南山和辋川半官半隐的生活方式就成为王维的必然选择，尤其在王维生活的后期，官场的失意使他更加醉心山水之乐，田园归隐的思想占据了主导。

就唐朝当时的文化背景来说，安史之乱以后，少数民族相继入侵中原，形成了文化上的断层，艺术创作的风格由绮丽逐渐转为清新。两大宗教——道教和佛教的发展极大带动了壁画事业的繁荣，当时的许多绘画作品也都体现着西域特征和宗教特色，风格大胆艳丽。山水画作为独立的画科出现始于隋唐，最早的突破以展子虔为代表，改变了初级阶段“人大于山”、“水不容泛”式的构图，开始由幼稚走向成熟。从李思训到吴道子，再到王维，山水画变迁的轨迹十分清晰，在构图、色彩、内容上都越来越趋于

① （后晋）刘昫，《旧唐书》卷一九〇下，《文苑传下·王维传》，北京：中华书局，1975年，第5052页。
② （后晋）刘昫，《旧唐书》卷一九〇下，《文苑传下·王维传》，第5052页。

图 1 《江干雪霁图》

图 2 《江干雪霁图》(局部)

自然，即艺术上由美到善而最终趋于真的过程。构图上由人物为主体过渡到人景交融；内容上从帝王贵族的出游转而为反映民间百姓的生活；色彩上从青绿金碧的艳丽蜕变为以水墨两色为主的清雅。整个嬗变过程实际上从一个侧面反映了王维和当时社会对于人与自然这两者之间的关系的思考。

2 山水与人物主体——以《江干雪霁图》为例

《江干雪霁图》纵 31.3 厘米，横 207.3 厘米，现藏于日本[①]，这幅作品以初霁的连绵山峦为主要背景，同时构成画面远景；山下小丘、水面和岸上开阔区域构成中景，中景以水面为主体，左岸有屋宇四间，背山而立；画面右侧间植大乔木的水中小岛和右岸开阔地七八处错落的屋宇构成画面近景，右侧屋前两行人做交谈状，屋宇门窗打开的部分有内景及透视远景的交代。其中，远景以外远山、天空的画面留白处有飞鸟作为点缀，近景和中景之间以右岸水面较窄处的拱桥作为沟通，近景和画外以左岸停泊的三两船只作为补充，与中远景的拱桥以及屋宇在构图上呈三角形关系，实现了画面的平衡。

《江干雪霁图》在构图方面、处理透视关系方面和着色手法上受当时画坛风气影响并不十分明显，画面以飞鸟和远树点景，密处有岛、屋、树、船之间关系的交代，以人物的活动点出作品的思想意境。

此图主题表现的是初霁的江畔，以阔大的山峦为背景，画面浑然欲雪，一片清冷洁净。但画中的内容并没有止于对景物的描绘。作者用细腻工整的笔触在左右两岸的地域开阔处绘制了房屋楼台。其中，右岸近景处的屋舍似有门窗敞开，透过门窗依稀可见屋内陈设和远处的景物，其次是对于近景处船只和岸上人物的刻画，船上的桅杆绳索历历可见，人物衣着、动作和手中道具的交代都较为细致，在画面左侧远景留白处，作者还添上数笔飞鸟成群的意象，生命和生活场景的融入给整幅作品罩上一层暖意，成为以景物为主题的山水画中的一抹亮色，这与单纯表现自然山水的绘画作品相比，更加强化了观赏者的代入感。

北宋韩拙《山水纯全集》有云："品四时之景物，务要明乎物理，度乎人事"。[②] 景物因为人物具体丰富的生活场景变得鲜活，人物因为景物鲜明的季节变化显得真实。参悟到其中道理的艺术创造，无论以何种表现形式，均不离"人景交融"四字。

从关于王维的绘画作品的记载和后人对其作品的评价来看，王维对融于自然的生活有着热烈的向往和追求。虽参禅礼佛之人偏爱清修静养，王维却始终没有使自己走向真正的隐居生活，其画中的山水从未远离人烟，处处有人迹可寻。或是"竹喧归浣女，莲动下渔舟"[③] 的欢快，或是"渡头烟火起，处处采菱归"[④] 的热闹，抑或"空山不见人，但闻人语响"[⑤] 的清幽，"独坐幽篁里，弹琴复长啸"[⑥] 的潇洒和"倚杖柴门外，临风听暮蝉"[⑦] 的惬意。

王维描写冬景、雪景的诗中表现的意境也与其雪图中相仿，在同时代描绘雪景的艺术作品中显得尤为独树一帜。如《冬日游览》："步出城东门，试骋千里目。青山横苍林，赤日团平陆。渭北走邯郸，关东出函谷。秦地

① 张婷婷编著，《中国传世名画》，北京：中国言实出版社，2013 年，第 24 页。
② 殷晓蕾编，《古代山水画论备要》。（北宋）韩拙．山水纯全集．北京：人民美术出版社，2011：336。
③《王维诗集笺注》，第 292 页。
④《王维诗集笺注》，第 301 页。
⑤《王维诗集笺注》，第 335 页。
⑥《王维诗集笺注》，第 355 页。
⑦《王维诗集笺注》，第 177 页。

万方会，来朝九州牧。鸡鸣咸阳中，冠盖相追逐。丞相过列侯，群公饯光禄。相如方老病，独归茂陵宿”[①]。又如《观猎》:“风劲角弓鸣，将军猎渭城。草枯鹰眼疾，雪尽马蹄轻。忽过新丰市，还归细柳营。回看射雕处，千里暮云平”[②]。每一首作品中都有关于人物、人物生活的描写，在“城门”、“函谷”、“咸阳”与“青山”、“苍林”所营造的大背景之下，有“冠盖相追逐”的繁华景象的描写，也有“鸡鸣咸阳中”的百姓生活和“将军猎渭城”的贵族生活的刻画。正如王维的《江干雪霁图》，虽然人物及活动的交代有限，但正是这仅有的几笔点出了创作者的思想主题。

从现存的资料来看，在当时和后代的雪图作品中，雪景的表现很少掺杂人烟，画中意境几乎一味地倾向于柳宗元在《江雪》中所表现的“孤寒”。“千山鸟飞绝，万径人踪灭。孤舟蓑笠翁，独钓寒江雪”[③]。整个意境以一叶小舟和一个专心垂钓的老翁点出了雪中世界的幽僻、孤寂、清寒，也传达出作者内心的孤傲和清高。又如今藏于台北故宫博物院的五代宋初李成所作的《群峰雪霁图》、北宋郭熙所作的《关山春雪图》以及藏于天津艺术博物馆的五代宋初范宽所作的《雪景寒林图》，这三幅画作在人物、生命迹象的呈现上采用了一致的处理方法，即将人物隐去。因此王维雪图中描绘生命的迹象和生活的气息可以看作是其独特生态思想的典型体现。文人山水画的阳春白雪在王维笔下转而以风俗画的方式传达出一种市井喧嚣的热闹，雅与俗的碰撞，体现了其与传统的山水画在表现手法和描绘视角上的差别。

3 山水与建筑元素——以《辋川图》为例

《辋川图》：绢本，现藏于日本圣福寺。全图纵29.8厘米，横481.6厘米，水墨，淡设色。该作品是王维晚年隐居辋川时于清源寺壁上所作，后清源寺圮毁，此卷为元摹本。[④]别墅为一组规模庞大的建筑群，地处群山环抱之中，画面以别墅为主体向外展开。作品中对于房屋建筑的描绘“极尽精致，几同于界画”。[⑤]在这幅作品中，建筑和山水并无明显的侧重，而是作为一个整体进行描述。楼台殿宇集中设于基座之上，亭台楼榭错落有致，外有围墙，大乔木分布于围墙四角，院门入口处两侧种植对称的乔木，围墙建造极为讲究，两侧为弧形，形似车辋，正前方为工字形，墙外设栏杆围绕驳岸，将建筑群与水面分隔，驳岸下宽阔的水面上有一行舟，三五人聚于舟上，谈笑游乐，其中一人执桨。

图3 《辋川图》(局部)

苏东坡有“辋川图上看春暮，常记高人右丞句”[⑥]的诗句，因此可知该作品表现的时间背景为春日傍晚。画面中层叠的山峦和天空构成远景，别墅建筑群为中景，水面为近景。泛舟的人物活动点出作品主题和情感。《辋川图》旷古驰誉，被后人称为“川样”。[⑦]王维后半生居于辋川，他在《辋川集并序》中写道：“余别业在辋川山谷，其游止有孟城坳、华子冈、文杏馆、斤竹岭、鹿柴、木兰柴、茱萸泮、宫槐陌、临湖亭、南垞、欹湖、柳浪、栾家濑、金屑泉、白石滩、北垞、竹里馆、辛夷坞、漆园、椒园等，与裴迪闲暇，各赋绝句云尔”。[⑧]

从《辋川图》和《辋川集》中收录的王维、裴迪所作诗歌来看，基本可以了解辋川的地貌和景观。辋川地势起伏，有开阔平坦的地域，有高耸的山冈，也有开阔的水面，有丰富的植物、动物种类共同构成的生态系统，在别墅的修建和景观的布设上也考虑到了多种功能的满足，有机结合了人文景观和自然景观。山谷凹处有凭借古城而建的“孟城坳”，别墅和古城连成一片，所谓“结庐古城下，时登古城上”，作者登上古城，时常会联想到辋川

① 《王维诗集笺注》，第383页。
② 《王维诗集笺注》，第479页。
③ 萧涤非等编，《唐诗鉴赏辞典》，上海：上海辞书出版社，2004年，第937页。
④ 《中国山水画全集》(上卷)，第7页。
⑤ 赵启斌主编，《中国历代绘画鉴赏》，北京：商务印书馆国际有限公司，2013年，126-130页。
⑥ 唐圭璋 编，《全宋词》，北京：中华书局，1965年，第320页。
⑦ 唐译编著，《一生不可不知道的中国山水画》，北京：企业管理出版社，2013年，第15页。
⑧ 《王右丞集笺注》，第241页。

的旧主人宋之问当年登城望远的情形而发出“古城非畴昔，今人自来往”[①]的感叹。古城背靠依自然高地修建的“华子冈”，可眺望到“飞鸟去不穷，连山复秋色”[②]的开阔景色。

居于山中，少不了野趣，因此有“文杏裁为梁，香茅结为宇”[③]的“文杏馆”，背靠着以竹闻名、“檀栾映空曲，青翠漾涟漪”[④]的崇岭——“斤竹岭”。从这里逐渐由人文景观向自然景观过渡，依次是遍植玉兰的木兰柴、“空山不见人，但闻人语响”的鹿柴，走过这一条曲径通幽的山野小径，前方是一片柳暗花明，豁然开朗。临湖亭建在“空阔湖水广，青荧天色同”[⑤]的“欹湖”之上，“轻舸迎上客，悠悠湖上来。当轩对尊酒，四面芙蓉开”。湖岸“分行接绮树，倒影入清漪”，具有“映池同一色，逐吹散如丝”[⑥]而得名的植被景观——柳浪，湖面与山冈分割出的开阔地域南垞、北垞之上有“隔浦”相望的人家，柳浪之下，地势又有变化，引出“浅浅石溜泻”、“跳波自相溅”[⑦]的栾家濑。休憩之所竹里馆设在这样的所在，主人公“独坐幽篁里，弹琴复长啸。深林人不知，明月来相照”，同时与东西两岸的居民共享“日饮金屑泉”、“浣纱明月下”的“白沙滩”景色。此外，山上山下，湖东湖西有兼观赏和实用功能的茱萸沜、宫槐陌、辛夷坞、漆园和椒园等植被景观，还可以观赏到“汎汎凫鸥渡，时时欲近人”[⑧]的野趣。

在中国，早期的造园艺术没有专属的门类，而从属于绘画。在造园和绘画上，画家初以古人为师，后以造物为师，两者都是对自然生态系统的模拟，都是通过主观作用于客观，从而传达出创作者对大自然的情感的审美过程。尤其到了近现代社会，各种理念、科技不断丰富壮大着这门艺术，使它与人类生活的契合程度越来越高，山水画作为“设计蓝图”所发挥的作用也渐渐从艺术中离析出来，向着有实用意义的道路发展，为实际生活提供参考和启发，这也是本文论述的相关问题的实际意义之所在。

古代园林多由画家设计，园林论著多由画家撰写，而绘画布局理论与园林布局理论常互相渗透。关于宜居山水、创作主体和山水画这三者之间的关系，园林学家有着普遍共识，我国现代园林学家孙筱祥先生曾这样描述：“园主常常聘请一些有地位，或出身寒微的文人、画家参与设计或建园工作，这类文人园林是中国古典园林的精华”。[⑨]园林学家童寯先生也曾指出：“诗、画、园三艺术息息相关的结合，正是中国造园学说的最高成就”。[⑩]在这一点上，东西方理论是相通的，18 世纪的英国诗人蒲伯亦提出“凡园皆画”的主张，即“以画理治园”，其好友园艺家史本斯“把诗画连成一气，园林是放大的画面”[⑪]，一语道出实体山水和山水画的微妙关系。

王维对山水的热爱影响到他对山水画的创作，进而又反过来投射到他对营建实体山水景观的实践之中。山水画和山水园林都是中国山水文化的重要组成部分，两者同源同宗，相互影响和渗透，以两种不同的方式传达着人对自然的情感，两者都以概括提炼的方式进行着对自然美的再创造，这个创造的过程，深受创作主体文化的影响，无处不体现出人类的精神文化。随着山水文化对山水画创作的影响日益深刻，山水画创作也反过来对山水文化尤其是山水园林的营建发挥着日益明显的指导作用，从晋代宗炳的《画山水序》，到唐代王维的《山水论》、《山水诀》，再到宋代郭熙的《林泉高致》，元代黄公望的《写山水诀》，文人、画家对于自然山水美学规律的把握和对自然山水功用的不断思考越来越多地被提炼、总结并用于创作，这些理论一方面推进了山水画的创新与发展，另一方面也反映着世人对于自然山水现实功用不断认识的过程。

4 王维生态思想的内涵及意义

对于现代化的城镇开发建设与自然的融入结合，西方国家早期比较有代表性和共识的观点是 1919 年由英国社会活动家霍华德提出的“田园城市”[⑫]和 20 世纪 30 年代美国建筑师赖特提出的“广亩城市”[⑬]概念。而中国现代的“山水城市”的概念由钱学森先生在 1990 年 7 月 31 日给清华大学教授吴良镛先生的信中首次提出，即把中国的

---

① 《王维诗集笺注》，第 329 页。
② 《王维诗集笺注》，第 331 页。
③ 《王维诗集笺注》，第 333 页。
④ 《王维诗集笺注》，第 334 页。
⑤ 《王维诗集笺注》，第 345 页。
⑥ 《王维诗集笺注》，第 350 页。
⑦ 《王维诗集笺注》，第 350 页。
⑧ 《王维诗集笺注》，第 351 页。
⑨ 孙筱祥，《生境・画境・意境——文人写意山水园林的艺术境界及其表现手法》，《风景园林》2013 年第 6 期，第 26 页。
⑩ 童寯著，《童寯文集》第二卷，北京：中国建筑工业出版社，2001 年，第 345 页。
⑪ 《童寯文集》第二卷，第 345 页。
⑫ 鲍世行、吴宇江编，《钱学森论山水城市》，北京：中国建筑工业出版社，2013 年，第 125 页。
⑬ 《钱学森论山水城市》，第 125 页。

山水诗词、园林艺术山水画相融合，并运用于现代生态城市的建设。① 钱学森先生也指出，现代城市的建设应从古代山水画中获得灵感和启发，提出了“建设一幅立体的城市山水画”的构想，并进一步指出了要从唐宋时期的金碧山水画的研究入手，使其中精华的、对于今天建设山水城市有帮助的思想得以彰显和发挥现实的作用。② 这里就提到了古代山水画的指导意义。以王维为代表的文人山水画家将对自然山水的向往悟之于胸，发之于笔墨，凝之于诗画。画面中山得水而活，水得山而壮，城得水而灵，人在其中饮宴聚谈，买卖奔走，表现出有别于山林隐逸概念的中国最早的宜居山水的理念。其思想内涵归纳有三：

4.1 诗情画意的基调

王维绘画成就的取得得益最多的当是其在诗歌创作上的成就。画乃文之极也。诗与画在艺术创作和艺术欣赏上都有相通之处。南宋邓椿《画继·杂说》有言：“其为人也多文，虽有不晓画者寡矣；其为人也无文，虽有晓画者寡矣”。③ 这一优势充分发挥到了王维对于实体山水园林的设计建造中。王维与道友裴迪在《辋川集》中详细记述了辋川的地理、气候、风貌以及主人与宾客乐在其中的生活、活动，成为山水画《辋川图》的生动补充。作者本人亦通过诗歌对每一处景致和建筑进行了注解。同时，作者以诗人的身份化身画中人，引观画者由诗意入画意，通过诗意产生联想，进而身临其境地与创作者共同感受画中景色的意境。以至于秦少游阅《辋川图》而愈疾。④ 山水画《辋川图》中的诗意在后人的作品中亦不断被提及、升华，成为文人精神理想家园的典范。米友仁的《阮郎归》评：“小舟载酒向平湖，新凉生晓初。乱山烟外有还无，王维真画图”⑤ 之句；周紫芝的《渔父词》提及：“解印归来暂结庐，有时同钓水西鱼。闲着屐，醉骑驴，分明人在辋川图”⑥；曹冠《风入松》写道：“瑶烟敛散媚晴空，云淡奇峰。澄江金斗平波面，扁舟载、蓑笠渔翁。仿佛辋川图上，依稀苕雪溪中”⑦。

4.2 人文情怀的渗透

对于人物活动的丰富刻画是王维山水画的一个鲜明特征。人的生产生活在王维的作品中不是以点缀、陪衬的角色存在，而始终作为描述的主体，这一点既不同以往，也有别于后世山水画注重突显景观气势而忽略人物细部刻画的构图。他的山水画布局在继承了中国传统的“蓬莱仙境”、“海外仙山”表现形式的基础上，发扬了其中“可游”以外的“可居”理念，将人的活动完全融于自然山水，他一边创作一边实践性地营造出一片真实宜居的山水——辋川别业，将现实所感所悟艺术性、哲理性地升华为意境，而后又将这意境投射到现实和对每一个生命的关照之中。

《宣和画谱》中记录了宋时御府所藏一百二十六幅王维画作的情况：“太上像二，山庄图一，山居图一，栈阁图七，剑阁图三，雪山图一，唤渡图一，运粮图一，雪冈图四，捕鱼图二，雪渡图三，渔市图一，骡纲图一，异域图一，早行图二，村墟图二，度關图一，蜀道图四，四皓图一，维摩诘图二，髙僧图九，渡水僧图三，山谷行旅图一，山居农作图二，雪江胜赏图二，雪江诗意图一，雪冈渡關图一，雪川羁旅图一，雪景饯别图一，雪景山居图二，雪景待渡图三，羣峰雪霁图一，江皋会遇图二，黄梅出山图一，净名居士像三，渡水罗汉图一，写须菩提像一，写孟浩然真一，写济南伏生像一，十六罗汉图四十八”⑧。可以看出，雪图和表现生活场景的题材在王维绘画作品中所占的数目有 26 幅之多，占到王维有记载画作的 1/5。

在中国画的历史上，王维可以说是擅长画雪的第一人。《宣和画谱》中记载的唐朝以前的名家名作在内容上均集中在人物方面，具体表现贵族和宗教人物，尤其佛教人物、神仙形象，不仅雪图，专门描写自然山水题材的作品也十分少见。王维以后，始有关于五代和宋朝画家雪图的记载。对比王维与同时期画家的雪景山水画作品可以看出，王维的生态思想始终贯穿其中，始终以对生命的尊重和人文情怀的投入为主要特征。如王维的《捕鱼图》，这幅作品真迹已佚，亦无摹本，但关于该作品的文字记载颇细致详实。宋代文同记载：“王摩诘有《捕鱼图》，其本在今刘宁州家。宁州善自画，又世为显官，故多蓄古之名迹。尝为余言：‘此图立意取景，他人不能到，于所藏中，此最为绝出。’余每念其品题之高；但未得一见以厌所闻。长安崔伯宪得其摹本，因借而熟视之。大抵以横

① 《钱学森论山水城市》，第 1 页。
② 《钱学森论山水城市》，第 54 页。
③ 《古代山水画论备要》，(南宋) 邓椿，《画继》，第 5 页。
④ (宋) 秦观著，周义敢、程自信校注，《秦观集编年校注》，北京：人民文学出版社，2001 年，第 539 页。
⑤ 《全宋词》，第 729 页。
⑥ 《全宋词》，第 893 页。
⑦ 《全宋词》，第 1532 页。
⑧ 《宣和画谱》，第 224 页。

素作巨轴，尽其中皆水，下密雪为深冬气象；水中之物有曰岛者二，曰岸者一，曰洲者又一；洲之外余皆有树，树之端、挺、蹇、矫，或群或特者十有五；船之大、小者有六，其四比联之，架辘轳者四，簅而网者二；船之上，日蓬、栈、篙、楫、瓶。盂、笼、杓者十有七；人凡二十：而少二，妇女一；男子之三转轴者八，持竿者三，附火者一，背而炊者一，侧而汲者一，倚而若窥者一，执而若饷者一，钓而偻者一，拖而摇者一。然而用笔使墨，穷精极巧。无一事可指以为不当于是处，亦奇工也。噫！此传为者尚若此，不知藏于宁州者，其谲诡佳妙，又何如尔。”[①]

宋晁补之《鸡肋集》卷十九评王维《捕鱼图序》：“纸广不充幅，长丈许，水波渺弥，洲渚隐隐见。其背岸木葭荚向摇落，草萋然，始黄天惨惨，云而风，人物衣裘有寒意，盖画江南初冬欲雪时也。两人挽舟循厓，一人篙而下之，三人巾帽袍带而骑。或马或驴，寒峙肩拥，袖者前扬鞭顾后，揽辔语，袂翩然者，僮负囊尾，马背而荷，若拥鼻者三人屈竹为屋三，童子踞而起大网，一童从旁出者，缚竹跨水上。一人立旁，维舟其下。有笱者，方舟而下，四人篙，而前其舟坐若立者，两童子曳方罟，行水间者，缚竹跨水上。一人巾，而依蘧藤坐。沈大网，旁笱屈竹，为屋缚竹，跨水上，童子跪而起大网者，一人屈竹为屋前有瓶盂可见者，篙者，桨者，俯下罩者三人，皆笠方舟，载大网，行且渔。两儿两盖，依蘧酿坐，有巾而髯出网中得者，踠操楫一人，缚竹跨水上，顾而语前有杯盂者，方舟载大网，出网中，得者缚竹跨水上。两儿沈大网，旁维者，两人篙其舟甚力。有帷幕坐而济，若汩人可见者，方舟依渚，一人篙，一人小而髯，三童子若饮食，若寐。前有杯盂者，一人推苇间童子，俯而曳循厓者人物数十，许目相望不过五六里，若百里千里。”[②]

寒冬欲雪的背景之下，数十人物构成的盛大的劳动场景铺排开来，如前文所述，每个人物的活动在作者笔下都有从容的交代，这在当时的山水画创作中实为罕见。《捕鱼图记》在广不充幅的画面之中，细致描绘了大小物件 17 件，各色人物 20 人，且情态各具，蕴含情节，山水画的宏伟气势和《清明上河图》式的市井情趣兼备，令人称奇。

从现存的史料可以了解，王维以前和同时期的山水画作品中几乎没有出现过如此大规模劳动场面的描绘。虽《捕鱼图》真迹和摹本已佚，但据当时所见者的叙述可知，王维对于劳动场面的刻画非常细致，艺术地展现了生活在山水之间的居民的日常劳作场面，这在当时是极为少见和特殊的。如北宋许道宁的《渔父图》[③]，作品名为“渔父图”，而作者却将主要笔墨用在对山水的气势营造上。在两米余长的画卷之上，是大面积的山水背景的铺排，只以荡于水面之上的三五渔舟点出主题。画面中主峰高耸入云，水面阔大，陡峰连绵，由远及近，河水曲折，随山势延伸至远方。又如北宋王诜的《渔村小雪图》[④]，题目虽点出“渔村”两字，但在画面的表现上亦只有近处三四只渔船和渔夫张网的场景描摹，画面主要空间仍用于对山水气势的表现。这两幅作品都以捕鱼生活为题，但作品的背景设置、人物的活动交代更多倾向于山居野趣的表达和隐逸情怀的抒发，以“渔”为题，却以背景的刻画为关注点，表现出了与王维的《捕鱼图》全然不同的思想内容。

4.3 居住功能的考量

“王维平生喜作雪景、剑阁、栈道、骡网、晓行、捕鱼、雪滩、村墟等图。其画《辋川图》世之最著者也。盖胸次潇洒，意之所至，落笔便与庸史不同”。[⑤]《辋川图》中描绘的辋川别业，处处有景，有机地结合了人文和自然，在有限的区域内综合考虑了居住、游憩等功能，是一处从生态理念出发设计建造的有一定规模的综合居住场所。通过比较早期、同期和稍晚一些时期的山水画作品可以看出，这处别业建造的初衷与当时以山林修仙、隐居避世为目的而建造的隐居场所有着明显的区别。实际上，王维在这幅作品中所反映的是由山、水、城三要素组成的一个营建在山水之中的理想家园。与早些时期山水画中出现在半山腰的茅檐草舍不同，在这幅作品中，建筑以在当时极为少见的体量和与山水的独特关系出现在山水画中。这组别墅群既含于山水又自成体系，既满足了画中人游览休憩的需要，又为生活、活动场地提供了条件。

中国早期的山水绘画，如晋代顾恺之所作的《洛神赋图》[⑥]，在这幅作品中，作者以纯浪漫主义的手法表现了贵族曹植和仙女洛神的河畔相遇场景。作品主题显然是人物活动，同时又以洛水、洛川的自然景色为背景。在透视关系的交代上，作者采用二维透视法呈现了类似广角镜头

① 《王维资料汇编》，第 47 页。
② 《王维资料汇编》，第 47 页。
③ 《中国山水画全集》(上卷)，第 36 页。
④ 《中国山水画全集》(上卷)，第 42 页。
⑤ 《古代山水画论备要》，(元) 汤垕《画鉴》，第 86 页。
⑥ 《中国山水画全集》(上卷)，第 2-3 页。

的画面感，在5米长的画卷之上，人物活动一一展开。作者在处理人物和景物的关系上，对活动的主体——人物进行主观的放大，而对作为背景的景物则予以缩小，强调景物的陪衬作用，这样的处理使两者在体量上形成鲜明的对比而使作品的主题得以烘托，显示了在当时的绘画中常常表现出的“人大于山”的特征。作品的主题是仙游，因此作者在自然景物中，没有交代休憩或者居住场所，可见在当时的现实生活中和普遍的生态理念中人和自然还保持着一定的距离。这种风格的绘画作品又如东晋的《女史箴图》[①]等在王维以前的画坛占据着主导地位。

一个画家所偏爱的创作题材总是离不开其生活的环境，辋川别业的改建和生活经历就是王维创作山水画的重要素材和依据。由于有着造园和别业生活的真实经历，王维的山水画中总是离不开创作者对于现实生活的观照，人物带来的生活气息和建筑等元素所增添的“家园”的味道无不体现在其绘画作品的细节之处。作者通过画笔不断传达着其对于生态生活的思考，进而形成了其独特的生态理念——人居和山水的有机结合，提出一种具有现实性的因地制宜、因时制宜的建设宜居山水的规划设想。

5 结语

王维的一生既是诗人、画家，也是造园艺术家。而在他不同形式的艺术创作中，几种艺术特点总是交互地反映和互相影响，同时饱含着丰富、独特的哲学艺术思想，成为传统文化遗产中的重要财富。今天，随着城镇化的日益发展和人口的不断扩张，近现代社会不断有学者提出以生态环境的良性循环和持续发展为前提的宜居生存空间的开发建设。现代社会的生态观，同样涉及人类与自然环境、社会环境的相互关系，同样需要反映人和自然关系的整体性与综合性，需要把自然、社会和人作为复合生态系统的因素予以考量。“中国山水画不是一种有约束的绘画种类，而是包容的”。[②]《中国山水美学思想对建设山水城市的意义》一文指出：“中国传统山水画美学为人类的生产方式和价值追求提供了理想的模式，为现代城市建设提供了精神指南，要想把中国山水画美学思想融入山水城市建设，有必要对其中蕴含的哲学艺术思想进行深入解读”[③]。

中国传统文化的独特性使得中国的山水画走上了一条和西方风景画完全不同的道路，以深厚的山水文化为积淀的生态思想在山水画的创作和古代城市建设中发挥着不可低估的作用，这一观点已被今天的学者所认识，甚至有学者提出了让山水在城市中“复归”，并指出：其最关键的切入点即是挖掘传统山水文化中灵魂的内容，使这种“复归”建立在深厚的哲学、文化基础之上，而非简单的复制模拟[④]。传统文化为今天的发展提供了肥沃的土壤，只要扎根传统，坚守独有的文化品格和民族精神，在传统的基础上谋求变革，一定可以使像山水画这样的古老种子萌发出新芽。以王维为代表的中国古代生态思想也一定会并且一定能在当代或未来的城市规划建设中发挥重要作用。本文所查阅的资料有限，一些观点尚有待进一步丰富、完善。不足之处敬请方家指正。

参考文献

古籍类

[1]（后晋）刘昫．旧唐书[M]．北京：中华书局，1975.
[2]（宋）欧阳修，宋祁．新唐书[M]．北京：中华书局，1975.
[3]（唐）王维著．杨文生笺注．王维诗集笺注[M]．成都：四川人民出版社，2003.
[4]（唐）王维著．（清）赵殿成笺注．王右丞集笺注[M]．上海：上海古籍出版社，1998.
[5]（宋）郭熙著．周远斌点校纂注．林泉高致[M]．济南：山东画报出版社，2016.
[6]（宋）秦观著．周义敢，程自信校注．秦观集编年校注[M]．北京：人民文学出版社，2001.
[7]（宋）佚名著．俞剑华注译．宣和画谱[M]．长沙：湖南美术出版社，1999.
[8]（清）石涛著．苦瓜和尚话语录[M]．济南：山东画报出版社，2013.
[9]（清）钱泳撰．张伟点校．履园丛话[M]．北京：中华书局，1997.
[10] 董就雄，侯雅文，张进．王维资料汇编[M]．北京：中华书局，2014.
[11] 唐圭璋．全宋词[M]．北京：中华书局，1965.

① 《中国传世名画》，第1-5页。
② 谈鹏，《析城市的发展与中国山水画的关联》，《参花》，2014年第10期，第142页。
③ 吴萍，《中国山水美学思想对建设山水城市的意义》，《大舞台》，2010年第3期，第158页。
④ 初冬，《复归“山水”——从山水画到“山水城市”的可能性探析》，博士论文，天津大学建筑学院，2012年4月，第2页。

著作类
[1] 鲍世行，吴宇江 . 钱学森论山水城市 [M]. 北京：中国建筑工业出版社，2013.
[2] 陈高华 . 隋唐画家史料 [M]. 北京：文物出版社，1987.
[3] 陈贻焮 . 陈贻焮文选 [M]. 北京：北京大学出版社，2010.
[4] 黑格尔 . 美学 [M]. 北京：商务印书馆，2015.
[5] 何志明，潘运告 . 唐五代画论 [M]. 长沙：湖南美术出版社，1997.
[6] 林木，李来源 . 中国古代画论发展史实 [M]. 上海：上海人民美术出版社，1997.
[7] 潘运告 . 明代画论 [M]. 长沙：湖南美术出版社，2004.
[8] 说词解字辞书研究中心 . 现代汉语词典 [M]. 北京：华语教学出版社，2015.
[9] 苏雪林 . 唐诗概论 [M]. 上海：上海书店出版社，1992.
[10] 唐译 . 一生不可不知道的中国山水画 [M]. 北京：企业管理出版社，2013.
[11] 童寯 . 童寯文集 [M]. 北京：中国建筑工业出版社，2001.
[12] 萧涤非 等 . 唐诗鉴赏辞典 [M]. 上海：上海辞书出版社，2004.
[13] 杨建峰 . 中国山水画全集 [M]. 北京：外文出版社，2013.
[14] 杨仁恺 . 中国书画 [M]. 上海：上海古籍出版社，2015.
[15] 殷晓蕾 . 古代山水画论备要 [M]. 北京：人民美术出版社，2011.
[16] 俞剑华 . 中国画论类编 [M]. 北京：人民美术出版社，1958.
[17] 赵启斌 . 中国历代绘画鉴赏 [M]. 北京：商务印书馆国际有限公司，2013.
[18] 张家骥 . 园冶诠释 [M]. 太原：山西古籍出版社，2008.
[19] 张婷婷 . 中国传世名画 [M]. 北京：中国言实出版社，2013.
[20] 周积寅 . 中国历代画论 [M]. 江苏：江苏美术出版社，2007.
[21] 周积寅 . 中国画论辑要 [M]. 南京：江苏美术出版社，1985.
[22] 中国人民政治协商会议陕西省蓝田县委员会文史资料研究委员会 . 蓝田文史资料第 6 辑 [M]. 西安：蓝田县委员会文史资料研究委员会，1986.

论文类
[1] 初冬 . 复归“山水”——从山水画到“山水城市”的可能性探析 [D]. 天津大学，2012.
[2] 房智 . 新时期我国的城市题材山水画研究 [J]. 大众文艺 . 2012，13.
[3] 冯莉莉 . 王维、裴迪山水田园诗研究 [D]. 河北师范大学，2013.
[4] 李海申 . 浅析中国山水画所蕴含的城市设计理念 [J]. 美与时代，2016，1.
[5] 孙筱祥 . 生境・画境・意境——文人写意山水园林的艺术境界及其表现手法 [J]. 风景园林，2013，6.
[6] 谈鹏 . 析城市的发展与中国山水画的关联 [J]. 参花，2014，10.
[7] 王波平 . 试析王维山水诗的浓淡色调 [J]. 湖北大学学报，2012，4.
[8] 吴萍 . 中国山水美学思想对建设山水城市的意义 [J]. 大舞台，2010，3.
[9] 杨萧凝 . 简论王维辋川图中的空间要素对比 [J]. 建筑工程技术与设计，2016，16.
[10] 杨萧凝、白东 . 简论王维《辋川图》的园林意境 [J]. 延安职业技术学院学报，2016，30(1).
[11] 尹临洪 . 历代著录中记载的王维雪景山水画作品 [J]. 美术界，2011，2.
[12] 祝群英 . 王松华 . 城市山水画的艺术人文魅力 [J]. 美术教育研究，2016，11.
[13] 朱学斌 . 论山水画中的城市建筑 . 福建师范大学美术学院 [J]. 文艺生活，2013，9.

曲水流觞的历史源流探析及其文化展示

庞森尔　张宝鑫

曲水流觞也称为流觞曲水，是我国古代一种很重要的文化现象，也是一种由来已久的文人雅集形式。曲水流觞来源于古代习俗，在发展过程中逐渐演变出多样的文化景观，与传统园林有着千丝万缕的联系，在国内外的古代园林中经常能够看见其身影。因此，理清楚曲水流觞的历史源流能够更好地把握这类文化景观的内涵，从而更好地理解我国的传统园林艺术的精髓，在此基础上通过展示不同形式的曲水流觞文化景观，对于传统园林文化的传承和传统文化知识的普及，无疑具有十分重要的现实意义。

1　曲水流觞的起源

人类早期的生产和生活中，生产力水平较为低下，对本身所处的自然环境认识不足，将自然界和社会中的事情及其变化理解为上天的旨意，因此常通过各种原始宗教仪式，实现与天对话、通神明等，由此也对自然界中的山和水等因素产生了敬畏和崇拜。水对古代先民来说无疑是生产生活中最重要的因素，由雨水到各种水体，人无法离开水而生存。在古人的思维中，水是流动的，清澈的，有各种不同的形态，因此被赋予各种品德特征和情感，此外水流也是可以触碰的，人也可以进入其中，水中还可以育养各种生物，与生命关系非常密切。因此，水是天地万物演变中最活跃、最灵动的催化性因素[1]，是人类生存和繁衍的基础。

远古时代，华夏先民对水的依赖和对水所具有的无限威力和神圣力量的崇拜与恐惧，洪水自古以来就是人类的最大威胁，《尚书·尧典》记载：“洪水方割，荡荡怀山襄陵，浩浩滔天，下民其咨。”但是自然界中的小水流（小的支流或者溪水等）具有亲人的尺度，人类可以进入其中洗涤、沐浴，在水中沐浴的习俗早在殷商时期就已经流行，《史记·殷本纪》记载：“三人行浴，见玄鸟堕其卵，简狄取吞之，因孕生契”，殷商族祖先契的诞生，是其母简狄在沐浴时吞食鸟卵而孕，也由此流传下临水浮卵和沐浴乞子等相关的习俗。《山海经》“有黄池，妇人入浴，出即怀妊矣”，也是记载了类似的传说。可见，临水沐浴逐渐成为一种生命的仪典，而沐浴本身是先民对水崇拜的一种体现。

周代已有水滨祓禊之俗，即三月上旬“巳日”这一天，人们在水滨举行祭礼，祓除不祥，称为“祓禊”。《周礼·春官·女巫》中记载有专门负责祓禊之礼的女巫，“女巫掌岁时祓除衅浴”，郑玄注曰：“岁时祓除，如今三月上巳，如水上之类。衅浴，谓以香熏草药沐浴”。汉应劭《风俗通》：“禊者，洁也，故于水上盥洁之也。”“曲水流觞”就是源自于上古时代临水沐浴、祈福除灾的“祓禊”习俗，也称“修禊、禊事”等。《诗经》篇章中记载了阳春三月，青年男女秉执兰草，在水边相聚相乐、祓除不祥的生动情景。

溱与洧，方涣涣兮。士与女，方秉蕑兮。女曰“观乎？”士曰“既且。”“且往观乎！”洧之外，洵訏且乐。维士与女，伊其相谑，赠之以芍药。

溱与洧，浏其清矣。士与女，殷其盈兮。女曰“观乎？”士曰“既且。”“且往观乎！”洧之外，洵訏且乐。维士与女，伊其将谑，赠之以芍药。

——《诗经·溱洧》

春秋战国时期，在水滨开展的祓禊活动与郊外踏青等相结合，具有了更深的文化内涵，而且很多地区都有临水祓禊的习俗和活动内容，祓禊活动得到了文人的重视，汉代刘桢《鲁都赋》：“及其素秋二七，天汉指隅，民胥祓禊，国于水嬉。”汉张衡《南都赋》：“暮春之禊，元巳之辰，方轨齐轸，祓于阳滨。”《后汉书·礼仪志上》“是月上巳，官民皆絜于东流水上。”历代关于祓禊活动的赋咏极多，如东汉笃《祓禊赋》、晋张协《洛禊赋》等。

禊事的世俗化使这种活动逐渐失去了统治者独专的礼制价值和意义，临水祓禊开始由崇拜自然的节俗习性演变成追求理想的生活方式，为人们所追求和向往。《论语·先进第十一》记述孔子询问子路、曾皙、冉有和公西华四个学生的志向，起初孔夫子对大家的回答并不甚满意，曾点（曾皙）最后发言说：“暮春者，春服既成。冠者五六人，童子六七人，浴乎沂，风乎舞雩，咏而归”，夫子喟然叹曰：“吾与点矣”，孔子是非常赞许曾点暮春三月浴于沂水的郊游活动和方式，其中折射出的这种思想对后世文人在自然风景中开展雅集、曲水流觞等活动产生了深远影响。

自然界的河流等河道都是曲水，小型的曲折水流的流速慢，早期的修禊都是利用纯自然的水流，但曲水始于何时尚无定论，根据南朝梁吴均《续齐谐记》记载，早在周代就有了曲水的说法，很早古人就对曲水流觞的起源进行过探讨。

晋武帝问尚书郎挚虞仲洽：“三月三曰曲水，其义何旨？”答曰：“汉章帝时，平原徐肇以三月初生三女，至三日俱亡，一村以为怪。乃相与至水滨盥洗，因流以滥觞，曲水之义，盖自此矣。”帝曰：“若如所谈，便非嘉事也。”尚书郎束皙进曰：“挚虞小生，不足以知此。臣请说其始。昔周公成洛邑，因流水泛酒，故逸诗云：羽觞随波流。又秦昭王三月上巳，置酒河曲，见金人自河而出，奉水心剑曰：令君制有西夏。及秦霸诸侯，乃因此处立为曲水。二汉相缘，皆为盛集。”

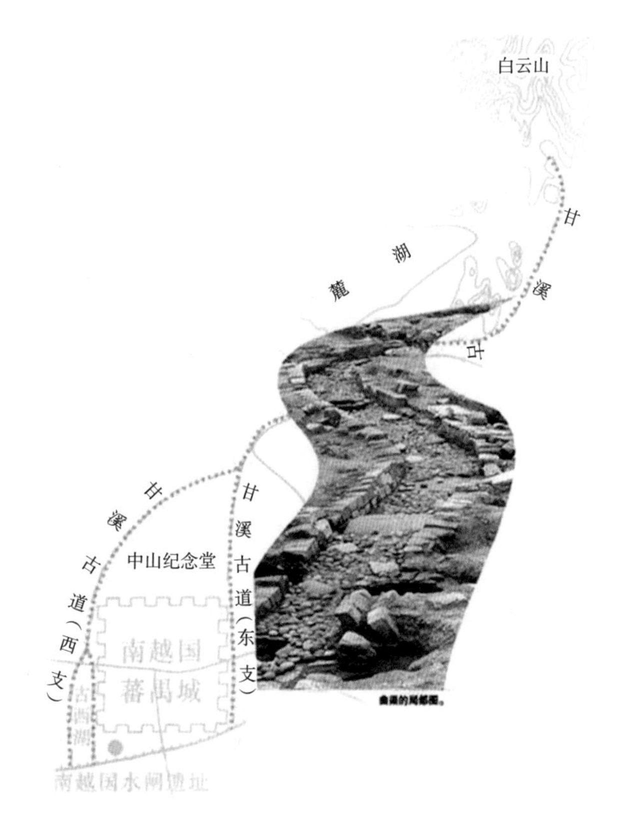

图 1　西汉南越王曲水庭院平面示意图

南越国宫苑遗址是中国发现最早的古代宫苑遗址。南越国宫署御苑中的大型石构水池和曲流石渠设计之独特，曲流石渠蜿蜒曲折约 150 米，石渠一边连接 4000 平方米斗状蓄水池，水池底部与池壁成斜坡状，两壁用砂岩石块砌筑，底部用岩石板铺砌，再在上面铺一层黑色河卵石。在宫苑的曲流石渠中，考古学家发现有梅、桃、枣等果壳，此外还出土了大量的龟、鱼、梅花鹿等动物骨骸，可以想象园内犹如自然美景般有着花果飘香。池内鱼龟爬行的场景。水渠经过新月状小水池的急转弯而继续回转向西，流速随减，但穿行于左右散布的大卵石之间，水流方向不断变化，产生波动和旋涡，也为其上类似曲水流觞的活动提供了可能。

2　曲水流觞的雅集禊赏主题

汉代，三月“上巳”确定为节日。每逢该日，官民皆去水边洗濯，帝王后妃也去临水除垢，祓除不祥，这种习俗后来又进一步演变为临水宴饮和流杯宴集。《淳熙三山志》记载，汉初闽越王无诸在福建省福州市的桑溪进行流杯宴集，桑溪“在闽县东，乃越王无诸于此为流杯宴集之地。”

魏晋时期，上巳节正式改定为三月初三为春禊，作为岁时节令中的重要节日，逐渐演化为皇室贵族、文人雅士们临水宴饮（称曲水宴）的节日，并由此而派生出一项重要习俗——曲水流觞（图 2）。南朝梁宗懔《荆楚岁时记》：“三月三日，士民并出江渚池沼间，为流杯曲水之饮”。杨衒之《洛阳伽蓝记》对洛阳华林园中的流杯池有如下描写：“柰林西有都堂，有流觞池，堂东有扶桑海。凡此诸海，皆有石窦流于地下，西通谷水，东连阳渠，亦与翟泉相连。若旱魃为害，谷水注之不竭，离毕滂润，阳谷泄之不盈。”

汉末以来曲水流觞景点已经出现在皇家和私家园林中。以禊赏为主题的园林创作始自曹魏皇家园林，在洛阳御苑芳林园中叠石建造“流杯石沟”，《宋书・礼志》载“魏明帝天渊池南设流杯石沟，燕群臣”，此为将曲水景观引入园林的最早记载（图 2）。早期流杯沟渠主要是在自然环境中利用地势的高差，稍加人工砌筑而成，水沟则是由石头砌成。

北魏时期，流杯池的构筑多见于历史记载之中。山东历城（今济南）的士大夫在城外建起了曲水流杯池。郦道元《水经注》卷八中记载，济水“北流经历城东又北，引水为流杯池，州僚宾燕，公私多萃其上”，当时此地清流映带，杨柳依依，岸平草软，是曲水流觞的理想场所。

图 2 《宋书 · 礼志》中记载的流杯石沟

魏晋时期，在文人对自然不断的欣赏和崇尚的过程中，自然山水的模型已经逐步由意向转过为实体，从自然界过渡到文人的庭院，山水园林已经作为文人园林的时尚开始出现并快速的发展。而这种形式的发展，为范山模水的“曲水流觞”园林景观形成奠定了良好的基础。

魏晋时期寄情山水和崇尚隐逸成为社会风尚，文人名流经常聚会于近郊风景游览地，最著名当属兰亭修禊活动。东晋永和年间王羲之与谢安、孙绰等江南名流雅集于会稽山阴之兰亭为修禊之事，引溪水为“曲水流觞”。兰亭修禊流露出的审美趣味给予当时和后世的造园以深远的影响，历代园林中多有以模仿兰亭曲水流觞为主题的景点，以成为历代书画创作的重要母题（图 3）。《嘉泰会稽志》卷十记载：“六朝宋时，谢康乐与从弟谢惠连人称大小谢，曾泛舟耶溪，对诗于王子敬山亭”，“谢灵运与惠连联句，刻于（孤潭）树侧”，这延续了曲水流觞的文化脉络。

早期的曲水庭追求在自然山水环境中，坐石临流的风雅韵味。故而曲水之上一般没有人工建筑覆盖。后来逐渐在曲水之上添建了建筑形式，《南齐书 · 礼志上》：“天渊池南石沟，引御沟水，池西积石为禊堂，跨水，流杯饮酒。”陆机曲水庭是以积石累缀池岸，坐石临流的燕饮场所。文中提到的“禊堂”，表明了早期园中的宴游与上巳祓禊的某种关联，这一景观利用两山之间的一段谷地，加以人工整修而成。园林东面为景阳山，西面为垣娥峰，曲

图 3　明代文徵明绘《兰亭修禊图》

水通过暗管、窦穴被导向适宜的地形，再加以人工砌筑，形成适合的宽度与深度。类型的曲水流觞景观还有魏晋时期萧绎在江陵湘东苑之禊饮堂、建康华林园的祓禊亭、流杯亭和清徽堂的流化渠、天泉池的禊堂等。

3 曲水流觞的传承与发展

兰亭雅集后，曲水流觞朝自然风景式和写意山水式两个风格方向发展。前者多表现为流杯池等，最著名当属唐代长安的曲江池，“曲江流饮”为“关中八景”之一，水滨祓禊活动仍然有记载，《辽史·王鼎传》：“适上巳，与同志祓禊水滨，酌酒赋诗”；后者把禊赏活动与亭结合，在亭内设石沟行曲水流觞事。流杯亭最初记载见于唐代。《旧唐书》和《长安志》均提及唐长安禁苑中有流杯亭——“临渭亭”。建筑物多用草堂、草庐、草庭等，亦示其不同流俗。园中有流杯亭的建设，象征一向为文人视为高雅的事的“曲水流觞”。景题的命名，主要为了激发人们的联想而创造意境，这种由“诗化”的景题而引起的联想又多半引导为操守、哲人、君子、清高等的寓意，抒发文人士大夫的脱俗和孤芳自赏的情趣，也是园林雅致特点的一个重要方面。

自然风景式和写意山水式两种曲水流觞景点并非截然不同，它们更像是一枚硬币的两面，一个质朴自然更近乡土，另一个典雅精致更具文化气息，共同构成了中国曲水流觞景观传统。两者相互影响，前者常于滨水设亭并加相应题咏，只是建筑风格更为质朴，而后者也会反对雕饰，如明代计成《园冶》中的曲水条称为“曲水”，古皆凿石槽，上置石龙头喷水者，斯费工类俗，何不以理涧法，上理石泉，口如瀑布，亦可流觞，似得天然之趣。这也是中国传统文化的一个特点：即一种艺术常有雅和俗两个版本，两者相互影响共同发展。像曲水流觞这种有比较固定的主题、意境和艺术形式的园林景点，称之为程式化景点。在中国传统园林艺术中，程式化景点不是绝对不变的，而是可以根据具体情况，巧于因借，在一定的框架内发挥造园者的独创性，形成个体风格，这种造园手法称为一法多式。

隋代西苑的曲水宴代表的曲水流觞形式是中国园林“曲水流觞”活动的转折点。首先，园林曲水之间加入了人工建筑；其次，曲水宴的世俗享乐成分明显加重，宴饮妓乐与文人诗酒唱和相混杂，雅俗兼备。比如，隋西苑十六院的溪流曲水景观就是以艳丽娇媚为特色。御苑的曲流即使在冬季也要用剪彩做成荷花，模仿春夏草木丰茂的意境。整个宫苑充斥着人工机巧和矫饰柔媚之气，与魏晋时代曲水园林的自然质朴风格迥异。

唐代以后以流觞亭建筑为主要特征的曲水流觞更为盛行，以刻有流水石渠的流觞亭为中心，亭畔模拟“崇山峻岭，茂林修竹”、“清流急湍”的兰亭自然环境氛围。曲水流觞手法也日趋程式化，北宋《营造法式》记载了早期官式流杯渠的具体样式图，有“国字流杯渠”和“风字流杯渠”两种，曲水流觞景观开始走向固定样式（图 4）。

在曲水流觞活动开展方面，唐永淳二年（683 年），初唐四杰王勃与其他诗人曾在云门寺王子敬山亭主持了一次模仿王羲之兰亭雅集的修禊活动，并仿《兰亭集序》写了一篇《修禊云门献之山亭序》。同年秋再次举办修锲活动于此，并作有《越州秋日宴山亭序》，此后又有大历浙东 57 人唱和。王勃选中这云门寺是因为云门寺为羲献父子在会稽时的旧居。

明清时期，清代在皇家御苑、私家园林和寺观园林中多处设曲水流觞景点，模仿兰亭曲水流觞，高度抽象、符号化的形式，小巧精致的尺度和精湛的做工技巧也符合了园林小型化发展的需要。

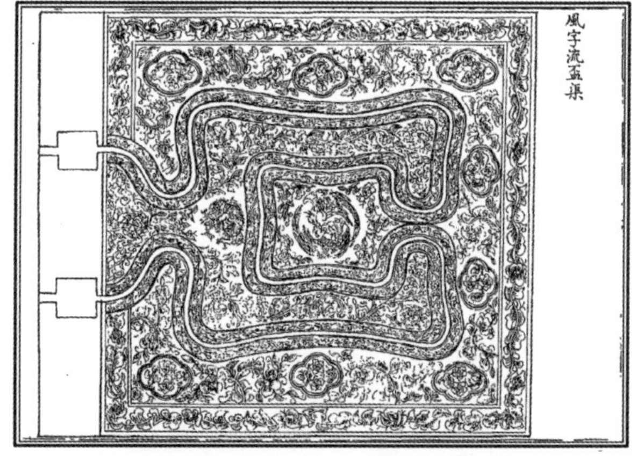

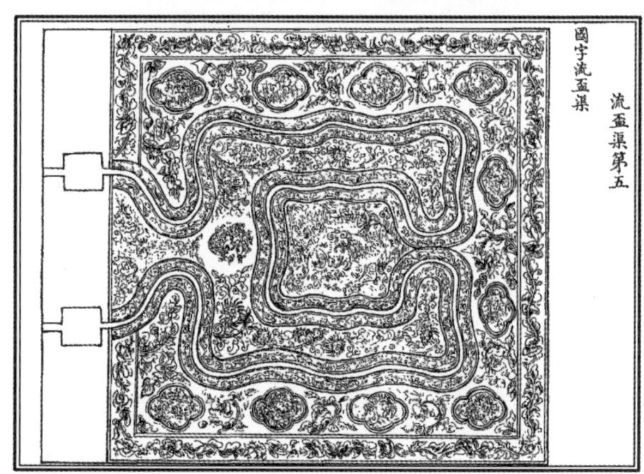

图 4 《营造法式》中的流杯渠样式

图5 宁寿宫花园“禊赏亭”

图8 北京恭王府花园“沁秋亭”

图6 圆明园“坐石临流亭”

图7 承德避暑山庄“曲水荷香亭”

清代康乾两帝皆钦慕兰亭风雅，在皇家御苑中多处设曲水流觞主题景点，如故宫宁寿宫花园禊赏亭（图5）、圆明园坐石临流（图6）、承德避暑山庄曲水荷香亭等（图7）。这些景点均以模仿兰亭曲水流觞事为主题，但设计巧于因借，呈现出多种巧妙变化，堪称传统园林一法多式手法的生动注解。宁寿宫花园禊赏亭景点位于故宫皇城，虽力求自然却不失皇室威仪：亭畔叠石栽竹写意兰亭环境，亭内地面设龙虎纹石沟，亭后衬三楹建筑，形制宽大，适合皇帝赐宴需求。

“坐石临流”是圆明园四十景之一。占地7万平方米，由西北部的兰亭、西南部的抱朴草堂、北部的舍卫城、东南部的同乐园及中部的买卖街五部分组成。其中的兰亭则是这当中最具历史文化内涵的。它所展现的正是帝王寄情山水、尊崇历史文化的思想。仿照浙江绍兴的古兰亭而建（兰亭修禊的兰亭）。亭中有人工开凿的水渠，涓涓水流穿过，带来的是千年前的“流觞”雅集。流杯亭跨谷中溪流而建，景观风格更具野趣。

曲水流觞已成为传统造园艺术的一个符号，其后的曲水流觞主题景观形式上大多简化为最有特色的流觞石渠，意趣上也转变为凭吊古迹和追思传统文化。但写意山水式曲水流觞简洁鲜明的形式、深邃而富有生活气息的文化内涵，仍给当代园林设计师带来启迪。另一方面，自然风景式曲水流觞仍在延续着旺盛的生命力，我们能在许多近代公共园林中看到它的影子，如贵阳花溪风景点。随着民俗生活的逐步褪色，风景游赏进一步简化为人接近自然、品赏自然的活动。自然风景式曲水流觞在现代也演变为春季游赏自然山水，其形式和意趣透过各公园、风景点举办的桃花节、梅花节等春季踏青活动曲折地反映出来。

4 曲水流觞文化景观在中国园林博物馆中的展示

4.1 曲水流觞的价值

曲水流觞经过千年的发展，已经成为传统文化中的重要符号，也见证了中国园林的发展过程。曲水流觞活动因其自然属性和人文属性受到历代文人的追捧和模仿，以其文人雅集的内涵丰富了园林文化的内涵，尤其是在当代对传统文化十分重视的背景下，展示曲水流觞等传统文化内容，对于传承中国历史文化等方面具有重要意义。

4.2 兰亭修禊场景再现

兰亭雅集是历史上最为知名的曲水流觞活动之一。魏晋时期文人名流经常聚会的一些近郊风景游览地，具有了公共园林的性质。东晋穆帝永和九年三月三日，王羲之和当时名士孙统、谢安等 42 人，为过“修禊日”宴集于绍兴兰亭，列坐于曲水两侧，将酒觞置于清流之上，任其顺流而下，停在谁的面前，谁即取饮，彼此相乐。

场景再现时选择明代画家文徵明《兰亭修禊图》作为蓝本。此图描绘东晋永和九年，王羲之、谢安等人在浙江山阴（今浙江绍兴）的兰亭溪上修禊，作曲水流觞之会的故事。图中层峦幽涧，茂林修竹，环境静谧，树木、建筑、人物刻画皆极精工，全图于绚烂精微之中不失淡雅之致，是作者青绿山水的代表作。以此作为场景复原的蓝本，便于创作和设计（图 9）。

兰亭修禊场景位于中国园林博物馆的基本陈列展厅——中国古代园林厅，旨在展现中国园林转折时期公共园林的雏形。此时期文人名流的雅集盛会和诗文唱和流露出审美趣味，给当时和后世的园林发展以深远的影响。

场景采用雕塑人物的形式，交代前景树木和人物，展现人物的活动神态，画中人物形态各异，或举杯畅饮，或低头沉吟，或援笔而书，在惠风和畅、茂林修竹之间，或袒胸露臂，或醉意朦胧，将魏晋名士洒笑山林、旷达萧散的神情表现得淋漓尽致。背景采用绘画的方式，着力展现兰亭曲水流觞活动所处的“茂林修竹，清流急湍”的自然环境，画中溪流由近及远，延伸到远处背景（图 10）。

4.3 潭柘寺流杯亭场景再现

潭柘寺位于北京市门头沟区，其内的流杯亭名为“猗玗亭”，“玗”指带水的美妙玉石。流杯亭分为两种形式，一是在亭外布置流觞曲水，讲求自然天成之美；另一类是在亭内的石座上凿成水渠，这是明清时期流杯亭的基本形式。流杯亭建筑在原无逸殿的遗址上，为方形四角攒尖顶的木结构建筑，上覆绿色琉璃瓦。亭高 2 丈，长、宽各丈余，油漆彩绘，亭内用汉白玉石铺地，石面上刻有一条弯曲盘旋的石槽，宽、深各 10 厘米，其所构成的图案较为奇特，从南向北看像龙头，而从北向南看却又像虎头。水从亭外东侧的一个汉白玉雕的龙头口中流出，沿引水石槽从东侧入亭，几经旋之后，从西侧流出。乾隆皇帝在游寺期间，经常与王公大臣们围坐在亭边，将一只带有双耳的竹制酒杯盛上酒，放在流水的入口处，让酒杯随水漂流，如果酒杯在谁的面前倾倒或者停住，就要对谁罚酒一杯或赋诗一首。乾隆皇帝曾特意为流杯亭题诗一首，名为《猗玗亭》，“扫径猗猗有绿筠，频伽鸟语说经频。引流何必浮觞效，岂是兰亭修禊人。”

图 9 文徵明《兰亭修禊图》

图 10　兰亭修禊场景

流杯亭场景位于中国园林博物馆内的固定展厅——中国造园技艺厅内，以北京潭柘寺流杯亭为原型。由于室内展厅空间较小，场景再现时去除了流杯亭建筑，只是在汉白玉的石面上雕刻石槽，形状和图案完全按照潭柘寺流杯亭内图案，水从靠近墙面的汉白玉雕龙头口中流出。为了更好地展示图案效果，在靠近墙面的一侧放置一面镜子，通过反射以满足场景只能单面观赏的缺陷。通过此场景，可以感受曲水流觞景观形制演变后的状态（图 11）。

图 11　中国造园技艺厅内的流杯水槽

4.4 曲水流觞主题文化展示

为更好地展示传统文化的曲水流觞主题内容，2016年中国园林博物馆打造“坐石临流——曲水流觞文化体验空间”，通过场景再现的形式让观众了解曲水流觞的演变形式，以及与园林之间的关系。与此同时，观众通过扫描二维码可以更加深入地了解曲水流觞的演变历程，也看到通过数字复原技术后的曲水流觞在园林中的应用场景。活动以清代圆明园坐石临流亭为主，解读兰亭及其曲水流觞的演化和发展历史。此亭位于圆明园坐石临流景区西北部，建于清雍正初年，时称流杯亭。该亭在乾隆九年（1744 年）的绢本四十景图中表现为一处重檐歇山敞厅，据文献准确记载，约在乾隆四十四年（1779 年），此亭改建为重檐八角亭，换上八根石柱，石柱上分别刻有《兰亭集序》和《兰亭诗》，名为“兰亭八柱”。亭内又立诗画牌，正面刻有晋永和九年（353 年）《兰亭修禊图》及《题记》，阴面刻有乾隆帝御制诗。

亭中地面凿成弯曲的水渠，从样式房图档中可以看到水渠不是常见的石槽形式，仍有自然“驳岸”的痕迹，采用了石上开槽的方式，引上游活水穿亭而过，形成“曲水

图 12 2016 年“坐石临流——曲水流觞文化体验空间”

流觞”的效果，透露出一种浑然天成的朴拙野趣。活动吸引了大量观众的关注，在普及园林主题文化知识方面取得了很好的效果（图 12）。

5 结语

曲水流觞体现的其实是一脉相承的中国传统文化，特别是在中国优秀的园林文化中，有着非常重要的文化含义。就其对园林景观的意义而言，从文化内容上，体现了中国传统文化的深厚内涵；从美学意义上，有着深远意境美、融揉自然美、行为动作美、构景形式美等多种美学特征；生态学原理上，追求的是天人合一的精神境界，体味的是人与自然的和谐和统一，而这与我们今天所强调的自然和谐的人居环境，以及满足生态需要要求相符合的。因此，曲水流觞作为具有深厚文化内涵的园林景观，贯穿中国园林的整个发展过程，承载千年文化而贯穿于历史长河之中，在当今园林建设中，仍然充满无限生机与活力，有着广阔的应用前景。

园林植根于生活，从祓禊为主的民俗活动到园林游赏文人雅趣，曲水流觞始终是古人生活的一部分，它体现了传统的“人与天调，天人共荣”理念，协调人与自然的关系，建设美好的人居环境，推动人类文明的发展。通过对曲水流觞历史文化的研究和主题文化景观的再现，希望能普及相关历史文化知识以更好地继承和传递中国传统文化特色，因此曲水流觞活动的开展和场景再现与展示具有重要的现实意义。

参考文献

[1] 王欣 . 从民俗活动走向园林游赏——曲水流觞演变初探 [J]. 北京林业大学学报 (社会科学版),2005，1.
[2] 俞显鸿 . “曲水流觞”景观演化研究 [J]. 中国园林 .2008,11.
[3] 李璟 . 千年曲水话流觞 [D]. 四川农业大学 ,2006.
[4] 王贵祥 . 从上古暮春上巳节祓禊礼仪到园林景观“曲水流觞”[J]. 建筑史，2012.
[5] 周维权 . 中国古典园林史 [M]. 北京：清华大学出版社，2010.
[6] 汪菊渊 . 中国古代园林史 [M]. 北京：中国建筑工业出版社，2012.

舞台方寸地 一转万重山——颐和园里的演戏活动

徐莹

颐和园前身清漪园，始建于乾隆十五年（1750年），是乾隆为其母亲祝寿所建。光绪十二年（1886年），在清漪园的遗址之上，兴建颐和园。颐和园保留了清漪园的山形水系，大部分建筑只是重建、改建和易名，只有一少部分新建建筑。而德和园是这些新建建筑中最为重要，也是在慈禧时期使用频率最高的建筑之一。颐和园作为慈禧太后颐养天年之所，处处体现着慈禧太后的喜好与品位，慈禧太后一生酷嗜戏剧，尤喜西皮二黄，为了满足自己毕生爱好，在清漪园怡春堂遗址上新建德和园大戏楼，取代听鹂馆小戏台。德和园建成后成为慈禧听戏的最主要的场所之一，也是孕育京剧发展繁荣的摇篮之一。

在重修清漪园之时，慈禧先是将已毁的听鹂馆戏台按照原样进行了恢复（但建筑朝向进行了改变），听鹂馆小戏台位于万寿山前山西部，距离慈禧寝宫乐寿堂距离比较远。又加之听鹂馆为二层小戏台，在承演大型戏出时很有局限性，已经远远不能满足资深戏迷慈禧太后的听戏需求。慈禧在重修清漪园伊始，就筹备在清漪园怡春堂遗址上新建一座三层大戏楼——德和园，德和园建成后，慈禧太后再没有在听鹂馆听过戏。德和园按照故宫畅音阁三层大戏台的形制所建，戏楼高22.73米，整个院落沿着万寿山南麓向南建设，紧邻乐寿堂寝宫区域，最大程度地利用了乐寿堂东侧 - 万寿山南侧这块空间，建成了现存体量最大的清宫三层大戏楼。除了比听鹂馆体量大、层数高，德和园的地理位置也比听鹂馆方便许多。德和园毗邻颐和园寝宫区，慈禧的看戏殿——颐乐殿西侧有一条廊道，直接通往慈禧的寝宫乐寿堂。除了距离慈禧寝宫近这一地理优势，他还与颐和园昇平署隔墙相望。如果说德和园是颐和园京剧繁荣的硬件条件，那么昇平署就是晚清宫廷戏剧繁荣的软件条件。

昇平署是晚清管理清宫演剧活动的机构，主要职责包括安排演出、管理演员、记录演剧事务、保管演剧行头砌末等等。昇平署本署位于社稷坛西南侧，紧邻紫禁城。除城内本署和颐和园行署外，在帝后驻跸的许多都园囿设立分署机构，圆明园、承德避暑山庄、张三营行宫等都设有昇平署的行署，但现存的只有城内本署和颐和园行署。颐和园的昇平署位于颐和园的东北侧，与园内的德和园大戏台相距不远，为一座四进院落，由北到南依次是后昇平署、前昇平署、堂档房和步军统领衙门，共有房间212间，光绪十七年（1891年）建成。

昇平署中藏有大量记有清宫演戏情况的档案，包括恩赏日记档、差事档、日记档、散角档、银两档、知会档、旨意档等，记录了当时清宫演剧的演戏戏单及时间，演员及演员的赏银，帝后关于演剧活动的旨意等内容。除此之外，昇平署还藏有大量的行头、盔头和砌末，这些戏衣盔头被存放衣箱和盔箱当中，不同种类的行头被存放在不同的容器之中。衣箱就有大、二、三衣箱之分，大衣箱存放文服，有富贵衣、蟒、帔、褶子等类。二衣箱存放武服，有靠、箭衣、打衣打裤、短打衣等。三衣箱存放内衣和靴、水衣、胖袄、护领、彩裤、打鞋等。还有存放盔帽的盔头箱，存放砌末把子的把箱，存放化妆用的彩匣子梳头桌的杂箱等等。

关于颐和园昇平署存放行头砌末的情况，在光绪二十六年（1900年）的昇平署档案里有一段记载，当时慈禧太后携光绪皇帝逃往西安后，八国联军在洗劫颐和园的同时也没有放过颐和园昇平署。昇平署档案详细记载了当时颐和园昇平署的损失。昇平署总管马为报堂事，本署钱粮处首领狄得寿等报到，于上年（光绪二十六年）七月二十一日后，被土匪抢去颐和园后昇平署存收衣靠盔杂、行头切末等项，连箱六十三只，圆笼二十二挑，俱各失去无存。八月二十日，首领带人前往查验是实。再城内本署由本年三月十七日起至六月十四日，被德国洋兵陆续拿去行头、巾帽、旗织（帜）等项共三十九箱，三月十七日至二十日，本街巡捕假充洋人那去行头、旗织（帜）多件，不计其数。[1] 更有无数乐器如铙钹、大小锣、鼓、紫

图 1　德和园大戏楼

图 2　颐和园昇平署

檀拍板等丢失。可见当时在昇平署存放的行头砌末数量之多。这些行头砌末都是慈禧时期制作和购买的，此前慈禧太后已经为了自己的万寿庆典添置了大量行头砌末，仅仅六旬庆典为三层大戏台所演福禄寿的戏目所置办砌末就耗银三十多万两。遭到八国联军洗劫后，慈禧太后为了恢复原来的演出效果大量置办新行头砌末，她曾经命人去江南置办全新的《连营寨》白色行头。我们现在可在故宫中看到类似的行头。这些行头、砌末虽为唱戏所用，但也是精工细作，大量运用平金、点翠这类工艺复杂、用料讲究的制作手法，若非皇家督办和国库支持，是民见演戏行头砌末所不能企及的。在历史更迭中，藏于行宫的行头砌末遭盗抢遗失，或流入民间，许多已不为后人所见，但是这种宫廷精品流入民间，从客观上使民间技师得以提取皇家行头砌末之精华，融汇于民间行头砌末的制作，促进京剧艺术在民间发展进步。

清宫演剧种类繁多，同一个戏出有多种版本，每个版本的功能各有不同，包括昇平署存档的库本，记录曲调的曲谱本，排演所有的排场本、串头本和提纲等用于演出排戏的剧本，也有专供帝后赏阅的安殿本。根据演出内容的不同还可以分为月令承应的剧本、法宫雅奏的剧本、九九大庆的剧本和连台本戏的剧本等，前三种都是在固定的节令和庆典所表演的戏目，更为注重礼仪形式。而连台本戏则更为注重故事性和观赏性，比起民间剧目可谓鸿篇巨制。这些剧本多以历史故事作为基础，如《杨家将》、《西游记》、《水浒传》、《三国志》等家喻户晓广为流传的故事。他们被改为上百出的剧本，往往需要数日甚至十几日才能演出完成整个情节。这不仅需要清宫统治者的喜爱与支持，更需要大量的演员、行头、砌末，而清政府自乾隆之后，国力日衰，嘉庆、道光二帝又大量裁撤伶人和精简演剧机构，这种连台本戏已经很少演出或者拆散成折子戏演出。直到为听戏不惜财力人力的慈禧太后的支持才逐渐恢复，慈禧太后喜欢听西皮二黄，光绪二十四年（1888 年），慈禧太后亲自将连台本戏昆腔《昭代箫韶》改编为皮黄。《昭代箫韶》分为府本和本家本，卷帙浩繁，改编耗时两年之久，耗费大量人力财力，最终府本完成了 121 出，本家本完成 105 出。改后的皮黄《昭代箫韶》，合并和拆分了一部分回目，对顺序进行了重新编排，还参考民间皮黄本对唱词儿做出一定的调整，调整后的剧本结构更为紧凑，突出了忠义正直的人物形象，提升了演员武戏的分量，这种变化也反映了慈禧太后的价值取向和个人喜好。

在有了华美绚丽的行头、丰富写实的砌末和跌宕起伏的剧本后，演剧活动的成败与否还是要取决于演出的主体——伶人，慈禧时期清宫演剧活动的演员人员构成比较

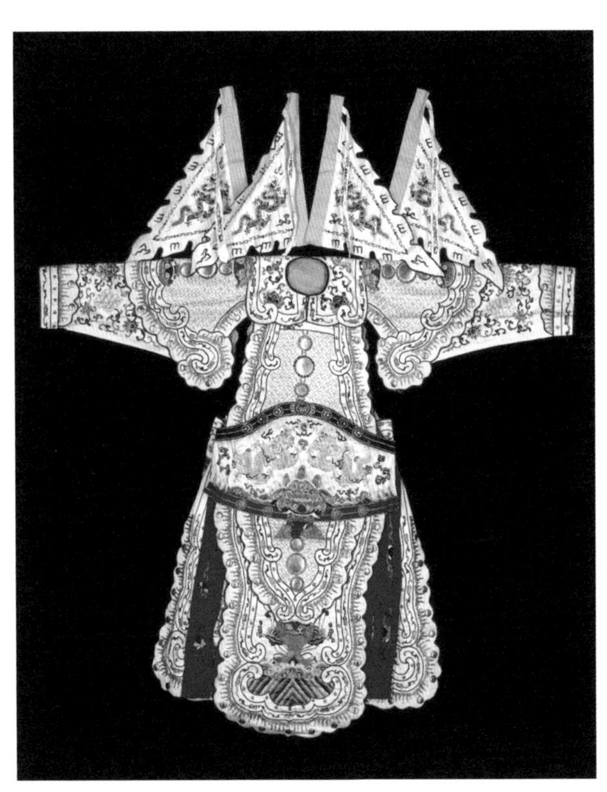

图 3　白色缎平金绣双龙戏珠连钱纹男靠

复杂。除了昇平署的内学——昇平署太监伶人外，还有外学——民籍伶人、外班——民间戏班、普天同庆班——以慈禧寝宫长春宫太监为主的太监伶人。咸丰皇帝离世后，宫中裁退了咸丰时期入宫的民籍伶人，以慈禧太后对戏曲的热爱，仅剩的太监伶人并不能满足她的戏瘾，但清宫皇室命运多舛，同治皇帝和慈安太后相继去世，清宫多年未曾演戏，直到光绪九年（1883 年）服丧期满，慈禧太后借其五旬万寿庆典，大肆挑选民籍伶人入宫承应，其中包括大量我们如今耳熟能详的名伶大家，如光绪十二年（1886 年）入昇平署的孙菊仙、时小福，光绪十四年（1888 年）入署的杨月楼，光绪十六年（1890 年）入署的谭鑫培、陈德霖。光绪三十年（1904 年），到宫中效力的民家艺人已达 85 人之多。民籍伶人技艺远在内廷太监之上，除了一些仪典戏一定要有太监们演出，比如正月初一的筵戏、皇帝皇子大婚等。其他的剧目大多都是有民籍伶人承应，民籍伶人可谓是宫廷演员的中坚力量。慈禧太后对这些民籍伶人也是格外喜爱与恩宠。慈禧太后最为宠爱的名伶大家谭鑫培嫁女儿时，慈禧太后赐予他女儿陪嫁，一件口沿刻有“光绪三十年六月十五日慈禧端佑康颐昭豫庄诚寿恭钦献皇太后上赏谭金培之女嫁妆铜盆”的平底宽边铜盆。可见慈禧太后对谭鑫培的宠爱，怪不得民间戏称谭鑫培为“谭贝勒”。

除了民间艺人入宫演戏外，慈禧太后还招民间戏班入宫演戏，同春班、四喜班、义顺和班、宝胜和班、玉成班、承庆班、丹桂班都是当时常常入宫伺候的外班，庚子之乱后，慈禧太后就不曾招外班入宫演戏了。为了随时可以听戏，慈禧太后还特地将自己长春宫的太监组织起来，设立了一个自己的御用科班名为普天同庆班，亦被称为“本宫班”或“本家班”，亲信李莲英和喜寿任此班的总管，可见慈禧太后对本家班的重视，本家班不同于太监伶人、民籍伶人或者外班，不隶属于或归昇平署管理和发放俸银，而是由长春宫直接管理。

慈禧太后对这些演员十分苛刻，听戏的时候她会拿着安殿本仔细对照，对演员的唱词、唱腔、身段甚至是精气神都一丝不苟，会严厉指出台上演员的谬误，亲自指点演员的舞台站位，还会参与一些舞台道具的设计。老佛爷对戏的挑剔和严格程度可以说做到了事无巨细，昇平署的旨意档常可以见到慈禧对伶人的批评，比如上场没有精气神、长下场走路跑等小问题，连孙菊仙这等名伶大家也因唱戏经常偷工减料遭到点名。

德和园大戏楼的三层戏台从上到下，分别设有福台、禄台、寿台，可以满足像连台本戏《升平宝筏》这种需要上天入地戏目的演出条件。内还设有七个天井、六个地井，贯穿整个戏楼。还有贯架、辘轳、滑轮等机关，可做到神仙从天而降，鬼怪自地而出，寿台下还设有水井，可从地下喷水，除了增添演出效果外，这些水井还对德和园演出的声学效果起到了一定的作用。为慈禧绘制画像的美国女画师凯瑟琳·卡尔回忆在德和园为皇帝庆寿时，就有德和园戏台喷水的戏目。

德和园始建于光绪十六年（1891 年），光绪二十一年（1895 年）建成，当年的七月二十四日，灵官扫台首演开唱，直到慈禧太后光绪三十四年（1908 年）去世为止，德和园为慈禧太后承应三百余次，最长一天可唱戏十余小时。德和园的修建被慈禧太后视为颐和园最重要的工程之一，记录颐和园工程的进度的工程清单对德和园的工程做到五天一报。

慈禧太后对德和园的工程十分满意，不仅每逢来园避暑就来德和园听戏，而且四次在德和园庆祝自己的万寿庆典。光绪二十三年（1897 年）慈禧六十三岁、二十八年（1902 年）慈禧太后六十八岁、二十九年（1903 年）慈禧太后六十九岁、三十年（1904 年）慈禧太后七十岁，都是在德和园庆祝自己的生日。中央美术学院美术馆藏的庆寿图根据和现存建筑的对比，推测是描绘慈禧太后在德和园万寿庆典时隆重喜庆的场景。德龄的回忆录中我们看到，慈禧太后万寿庆典期间人人皆不做事，终日陪同慈禧太后看戏娱乐而已。场景描绘了在慈禧万寿庆典之时，德和园福禄寿三层大戏台上，上演群仙祝寿的剧情，两侧的看戏廊和园内是被赏看戏的王公群臣和福晋格格等女眷，戏台前摆放各式珐琅、盆景、山子、锦绸等慈禧太后的寿礼。德和园为了慈禧太后的万寿庆典也是装潢一新，慈禧

图 4　庆寿图

太后生日在阴历十月十日，已是乍冷寒冬，为了保暖，在德和园的外搭以彩色暖棚，暖棚上还饰以各式彩灯。整个画面是从德和园的看戏殿——颐乐殿的视角呈现的，颐乐殿是慈禧太后看戏的场所，慈禧太后时常会坐在可以看到戏台上出将门的地方赏戏，出将门是演员的上场门，可以看到演员出场的亮相。颐乐殿北面的庆善堂是专供慈禧太后休息的场所，美国女画家凯瑟琳·卡尔就曾在庆善堂为慈禧太后绘制画像。而两侧的看戏廊是被赏戏王公大臣看戏的地方，按照官阶和慈禧太后的宠爱程度由北至南排列座次，比如载沣、载洵、载涛、奕劻都曾坐在看戏廊北侧第一间。如果坐在看戏廊的最南侧靠近德和园大戏楼的位置就只能是听戏了，几乎看不到台上的演员。除了戏楼北侧的赏戏和休息区，戏楼的南侧是大戏楼的后台——德和园扮戏楼，演员在这里化妆候场，它是一座两卷棚顶的两层建筑，故宫畅音阁的扮戏楼就只有一卷，从这一点也可以看出德和园体量之大。

德和园戏楼汲取中国戏楼建筑之精华，恢宏壮丽，机关尽巧，是慈禧太后赏戏最频繁的场所之一，是晚清戏曲活动最为活跃的场所之一。德和园兼具艺术性与科学性，而作为仅存的两座三层大戏楼中的最大者，更具有丰富的文化价值和厚重的历史价值。慈禧醉心西皮二黄，喜欢西皮二黄新颖奇趣的剧情，喜欢西皮二黄节奏丰富的曲调，因为慈禧的喜好和对西皮二黄的唱词、唱腔、身段、手势、行走、扮相甚至是行头、砌末、剧本的严格要求，为京剧艺术创造了严谨的艺术发展环境和坚实的物质基础。伶人在宫中演戏，打破戏班的隔阂，同台竞技，互相交流，互相学习，提升了自己的技艺，并把这种技艺带回自己的戏班，提高了民间伶人的整体技艺水平。而慈禧太后对京剧的痴迷，上行下效，大大扩大了京剧的受众群，社会各阶层对京剧的追捧，使其渐取代昆腔成长为红遍全国的京剧，2010年京剧被联合国教科文组织收入“人类非物质文化遗产代表作名录”。京剧从方寸舞台一步步发展，从市井小巷到深宫内院，又从清宫戏台走向全国各地，最终登上世界舞台，诉说着她的历史价值和艺术魅力，而颐和园的德和园大戏台在京剧发展史上留下了自己独特的一笔。

参考文献

[1] 傅谨等 . 京剧历史文献汇编 [M]. 江苏：凤凰出版社，2011.

明代吕炯友芳园复原研究

黄晓　刘珊珊

旧金山亚洲美术馆藏有一幅孙克弘的手卷，题为《孙雪居长林石几图》。美国学者高居翰《山外山》一书讨论了此图，认为该图“完全依照画家视觉之所见，敏锐地录其形貌”[①]，是对一座真实园林的写照。笔者在进一步研究中，发现图中描绘的是晚明名士吕炯的友芳园，位于浙江崇德，今嘉兴桐乡市崇福镇。如今虽然园林已毁，但遗址尚能指认，当地还存有几件园中遗物。友芳园在历史上颇有名气，许多名人曾去造访，留下了丰富的诗文资料，又有孙克弘这幅名作传世，无论就园林史还是绘画史而言，都有加以研究的必要。本文搜集整理了与此图、此园相关的史料，考证了园主吕炯的家世生平和友芳园的建造历程、后世影响，并绘制了一幅平面复原示意图，对其园林布局和造园意匠进行讨论。

1　孙克弘《长林石几图》

《长林石几图》是一件体例完备的手卷：引首题有图名，下署“乙丑仲秋紫蘁轩”，中段为绘画本身，拖尾是画家孙克弘题赠的一诗一文（图 1）。

孙克弘这首五言诗和跋文对解读此图极为重要，特将全文誊录如下：

寄题吕进士雅山先生长林石几亭一首：尝闻语水上，高林抱城曲。遥岑耸晴翠，方塘漾寒驟。因兹丘壑赏，开园构轩屋。卓哉飞熊裔，襟怀美□独。不尚桃李华，绕轩惟种竹。年来已成林，森森列苍玉。于中石为几，傍镂诸简牍。挥洒尽时贤，珠玑璨相续。散帙来清风，弹琴泻寒瀑。秀色映书帷，凉阴覆棋局。劲节傲冰霜，虚心远尘俗。似若前雪飘，檐外碧云宿。为竿鱼可求，荷锸笋堪斸。龙孙日已长，凤雏昔见育。开轩命宾友，飞觞醉醽醁。未特夸渭川，何须羡淇澳。于焉得深趣，足可悦心目。六逸与七贤，千载继芳躅。

余弱冠即知有雅山先生，居家孝友，择交喜施与，读书善古文辞，盖卤潮之高士也。曩宋初旸避寇居松，与余交最久，语乡曲必首称雅山先生。既而寇孽，初旸果为夺去，乃处田庐以居之，凡十年矣。今初旸复来访余，言先生有美园林，花木之盛甲于一邑。园之西有修竹数千竿，构亭置石几于中。每花月时，集诸朋侣，雅歌投壶，分韵赋诗，此其常也。因属余作长林石几之图，并为赋此，寄以见意。隆庆壬申腊月望旦。华亭孙克弘识。

从跋语中可知，此图绘于隆庆六年（1572 年）腊月十五日。跋语中提到了两个人，一是园林的主人吕雅山，孙克弘恭维他是吕尚的后裔（“卓哉飞熊裔”，姜子牙道号飞熊）；二是前来求画的宋初旸。孙克弘（1532 ~ 1610 年）字允执，号雪居，华亭人，其父孙承恩 (1481 ~ 1561 年) 官拜礼部尚书，家境优裕。孙氏自幼聪慧，仕途亨通，做到湖北汉阳太守。他并非职业画家，而是具有文官身份的士人画家，只在闲暇时以作画自娱，他的作品很受推崇，来求画的人络绎不绝，“常满户外”[②]。

跋中提到的宋旭（1525 ~ 1607 年？）字初旸，号石门，崇德人，是晚明松江画派的开创者，画家赵左、宋懋晋都出其门下，孙克弘也深受其影响。由跋语可知，宋旭是孙克弘的好友，曾在松江住过，后来发生战乱，遂移居吕家，至今已有十年之久，这次亲自回松江帮吕氏求画。嘉庆《石门县志》称宋旭“与云间莫廷韩，同邑吕心文友善”[③]。莫廷韩即莫是龙（1537 ~ 1587 年)，字云卿，号秋水，是松江画派的佼佼者，并影响到后来的董其昌[④]。

---

① （美）高居翰 . 山外山 . 北京：三联书店，2009：74-76。

② 《御定佩文斋书画谱》卷 57：“(孙克弘) 画山水学马远，花鸟似徐熙、赵昌，又善以水墨写生及竹石兰草，无不臻妙。远近造请常满户外，其效米氏云山，作仙释像，世尤珍之。”

③ （清）耿维祜修 . 潘文辂纂 . 嘉庆石门县志 . 卷 16. 道光元年刻本。

④ 在莫是龙作于 1581 年的《仿大痴山水》轴（美国大都会博物馆藏）上，陈继儒题道：“莫廷韩书画实为吾郡中兴，即玄宰（董其昌）亦步武者也。”

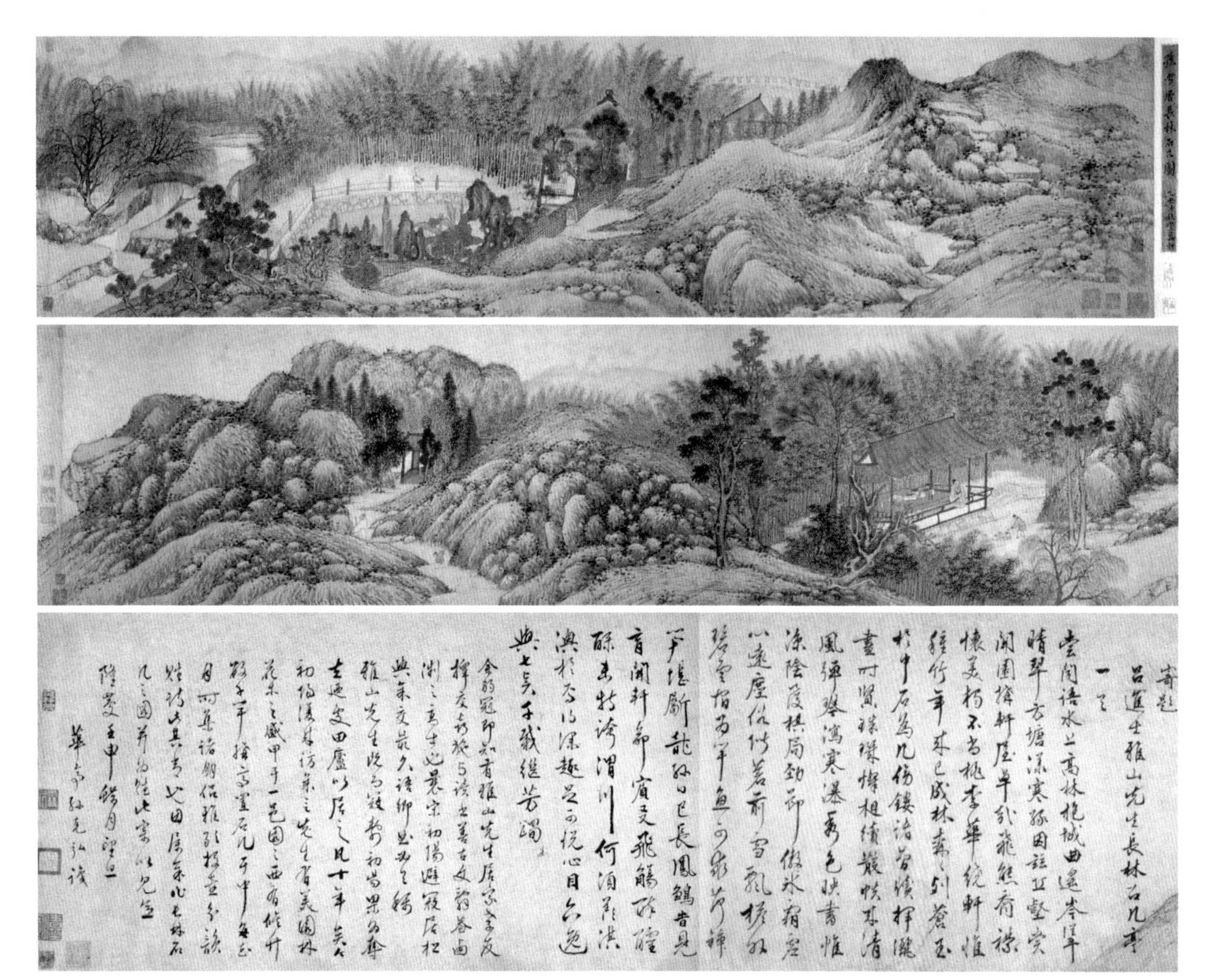

图 1　孙克弘，《长林石几图》，纸本设色，纵 31.2 厘米、横 370.8 厘米，旧金山亚洲美术馆藏

莫是龙擅作诗文，他的文集中有大量题赠吕心文之作，显示出两人的密切关系①。

孙克弘提到的吕雅山和《石门县志》、莫是龙提到的吕心文显然是同一个人。孙克弘、宋旭、莫是龙都是松江画派的扛鼎人物，这幅《长林石几图》与三人都有关系：孙克弘是作画者，宋旭是求画者，莫是龙则为画中的园林撰写了园记和园咏。这令我们不禁好奇：这位吕氏究竟是何许人物，竟能使三位书画大家如众星拱月般驱驰左右？

《长林石几图》未见于历代著录收藏，流传过程不详，直到清代末年才在沈曾植（1850 ～ 1922 年）的《海日楼题跋》中首次提到。沈氏的室名叫“紫藟轩”，可知今天所见《孙雪居长林石几图》的题名即出自沈氏之手。沈曾植共为该图题过三跋②。第一次在光绪三十一年（1905 年）九月，沈氏首先关注的是画风和笔法，认为此图受到沈周的影响，“此卷笔意绝类石田，正与（孙克弘）平日写生宗法石田，同是一副笔墨。”第二跋在民国 3 年（1914 年），沈氏意识到这是一幅描绘实景之作，开始留意画中园林的主人，推测“此图为雅山先生作，雅山疑即心文也。”民国 8 年，沈氏检到新线索，最后推定：“卷首有崇德吕氏大雅山房心文之印。吕心文名炯，别号雅山。冯开之《快雪堂集》卷九有《吕先生行状》，叙述甚详。其弟熯，淮府仪宾，即晚村祖也。”沈氏的这三条跋语极

① （明）莫是龙《石秀斋集》中有大量写给吕氏的赠诗，如《春夜过吕进士客馆》、《寄怀吕心文进士》（卷 5）、《得吕心文讯有感》（卷 6）、《与沈嘉则诸君饮吕心文馆得残字》（卷 8）、《过吕心文圃中看菊》、《吕心文馆燕集时心文病起将归语溪》、《闻吕心文弃官归有怀》（卷 9）、《长林杂咏为吕心文作》、《访吕心文养疴旅馆》（卷 10）。

② 沈曾植 . 海日楼题跋 . 卷 3. 北京：中华书局，1962：130–131。关于作跋的时间，见：许全胜 . 沈曾植年谱长编 . 华东师范大学博士论文，2004：333，335，415，576。

为重要，不仅考证出此图是为吕炯而绘，跋中提到的吕熯和吕留良（晚村）都与图中园林极有关联。吕炯建园是因三弟吕熯而起，此园后来又是因吕留良而毁，并导致《长林石几图》在有清一代一直湮没无闻。

2 吕炯与崇德吕氏

吕炯（1519 ～ 1586 年）字心文，号雅山，崇德人，官泰兴知县。沈曾植跋中提到的冯开之即冯梦祯（1548 ～ 1595 年），与吕氏是儿女亲家[①]。冯梦祯是晚明的大文豪，常为吕家撰写传志和墓铭，先后为吕焕作《吕先生传》，为吕炯作《吕先生行状》，为吕熯作《淮府仪宾心源吕公墓志铭》，为吕熯之妻作《吕南城郡主行状》[②]；此外，还有王世贞（1526 ～ 1590 年）为吕炯写的《泰兴令雅山吕君墓志铭》[③]。从这些文献里可以详细了解吕氏家族的情况。

吕氏祖籍开封，南宋年间迁居崇德，此后世代经商，小有资产，到吕炯的父亲吕相（1487 ～ 1571 年）时经营有方，成为当地的豪门巨富[④]。嘉靖三十四年（1555 年）倭寇侵扰崇德，吕相捐出三大船粮食犒军；后来县城修筑城墙，他又独力承担了一半的费用[⑤]，王世贞称吕家“其盛至倾邑”。不过，吕相虽然以“义富”之名饮誉乡里，但中国古代民分四等——士农工商，商居最末，因此他对士大夫身份有着强烈的渴望，自己曾出任过通判，到儿子这一代更是敦促他们弃商入士。

他的长子吕焕（1514 ～ 1579 年）通过谒选[⑥]得官，外任十余载。三子吕熯（1521 ～ 1601 年）娶淮庄王长女南城郡主，成为国亲。吕炯是次子，为官之路最曲折。他中举较早，但之后考了五次都没中进士[⑦]，后来也是通过谒选得任泰兴知县。吕炯性格洒落，本无意仕途，做官只是为了对家族和先人有个交代，因此上任三个月后，便辞官还乡，时人将其比作不为五斗米折腰的陶渊明[⑧]。三兄弟中，吕焕常年在外任官，吕熯随郡主住在王府，只有吕炯赋闲在家，交游名士，济贫扶弱，使“崇德吕氏”播名远近。

吕炯有几个特点，使他特别受到文人雅士的欢迎。一是他拥有吕相留下的“盛至倾邑”的家产，二是他乐善好施的秉性，三是他博学好古的修养。

当家前，吕炯就喜好结交海内名士；辞官后，更是宾客如流，日满四座。其中三教九流，无所不有，一些人颇有“打秋风”之嫌，但吕炯来者不拒，为资助别人有时不惜变卖田产，邻里乡亲甚至到了“生者待以举火，死者待以即土，缓急者待以解纷，不下数十家”[⑨]的程度。宋旭便是吕炯所交海内名士中的一位。同时，吕炯并非一般的俗商，本身也是一位高雅之士。他熟读经史，思想出入佛老，诗文雄丽超逸，书法博采众家，并喜好收藏古书、古画、金石、奇器，这些使他与文人墨客有了共同语言[⑩]。面对这样一位精通书画、雅好收藏又轻财好施的富翁，孙克弘、宋旭、莫是龙这些书画大家自然乐于与其亲近。晚明时期，商人阶级逐渐走向历史舞台的前端，与其他社会团体产生交流，并影响到画家画风及题材的选择[⑪]。吕炯与这些大画家的交往正是典型的一例。

3 友芳园历史沿革

康熙《石门县志》载：“友芳园，明吕大令炯所居，在西门内。又有别墅曰五柳庄、大雅山居以及长林亭诸胜。”[⑫]其后附有郭子直《友芳园怀吕泰兴》、王穉登《友芳园杂咏》26 首、余寅《大雅山居记》、沈懋学《五柳庄

① （明）冯梦祯，吕先生传：“先是其弟泰兴公（吕炯）与余善，予以泰兴公故得睨先生（吕焕），且有姻连。”见：（明）冯梦祯．快雪堂集．卷 9. 万历四十四年刻本。
② 分别见：（明）冯梦祯．快雪堂集．卷 9，卷 19，卷 11，卷 19. 万历四十四年刻本。
③ （明）王世贞．弇州续稿．卷 110. 文渊阁四库全书。
④ （明）冯梦祯．吕先生行状：“其先汴人，宋建炎中有继祖者尉崇德，家焉。……吕氏世受贾，家故饶。至沔阳公（吕相）善什一，力田治本业，家乃大饶。益务行其义，贤声盖一邑。故吾郡推毂义富，称崇德吕氏。而以文学显则始先生（吕炯）。”见：（明）冯梦祯．快雪堂集．卷 19. 万历四十四年刻本。
⑤ 吕公忠《行状》：“沔阳公以赀豪于乡里，倜傥好施。倭寇逼，出藏粟三巨艘以饷军，又助工筑邑城之半。”见：卞僧慧．吕留良年谱长编．北京：中华书局，2003：14。
⑥ 中国古代没考中科举的人，不愿花钱买官，于是到赏识自己的官吏手下，等待时机被推荐。
⑦ （明）冯梦祯．吕先生行状：“五上春官，或中道返，或抵试不人”。见：（明）冯梦祯．快雪堂集．卷 19. 万历四十四年刻本。
⑧ “吕炯，浙江崇德人，举人。万历五年任。廉明仁恕，大雅君子。莅任未几，慨然以兴利除害为己任。罢漕河中节省，此其尤彰著者也。半载解官，高风不减柴桑公矣。”见：（清）耿维祜修．潘文辂纂．嘉庆石门县志．卷 3. 道光元年刻本。
⑨ （明）冯梦祯．吕先生行状．见：（明）冯梦祯．快雪堂集．卷 19. 万历四十四年刻本。
⑩ （明）冯梦祯《吕先生行状》称吕炯“未当户，知交已广，所交尽海内知名士。归田后，客益进，无论文士墨卿，日满四座。即至星相杂流，趾相错于庭。先生无不人人资籍之。质子钱不足，计且变秫田。…自经史百家及二氏之书，无所不精究。所为诗文，多雄丽超逸，晚而归于大雅。善书家八法，具体赵吴兴。又好蓄古丹青、法书、金石、奇器，聊以适情，不至耽溺。”见：（明）冯梦祯．快雪堂集．卷 19. 万历四十四年刻本。
⑪ （美）高居翰．山外山．北京：三联书店，2009：致中文读者。
⑫ （清）杜森修．邝世培纂．康熙石门县志．卷 1. 康熙四十七年刻本。

记》和莫是龙《长林亭记》。《长林石几图》描绘的便是这座友芳园，位于崇德县城西门之内。

3.1 始建年代

友芳园的始建年代未见明确记载。有学者将其当作吕氏祖居寿山堂，认为始建于嘉靖十四年（1535年）吕相致仕还乡时，嘉靖三十五年（1556年）吕焕辞官后又有扩建[①]。这可能是受"（吕焕）归之日，凿池垒石，筑寿山堂以娱沔阳公"[②]影响，以为吕焕经营的这座寿山堂便是友芳园。其实吕焕作为家中长子，侍父而居，所筑寿山堂应在吕氏祖居内（在崇德城内登仙坊，今崇福镇浒弄口），当时人称"老大房"。而吕炯的"老二房"和吕熯的"老三房"则毗邻而居，都在城西，友芳园位于西门内，应是吕炯的私园。还有一种观点认为友芳园建于万历五年（1577年）吕炯辞官回乡后[③]，则可能是受冯梦祯《吕先生行状》和王世贞《泰兴令雅山吕君墓志铭》影响，两文都在讲完吕炯辞官后才提到友芳园。笔者则认为，友芳园始建于隆庆五年（1571年），与吕相的去世和吕熯的返乡有关。

隆庆五年（1571年）吕相去世。吕熯娶郡主后一直赘居王府，此时已离家30多年。他与郡主一起上书请辞岁禄，回家奉养仅存的老母，竟得到朝廷的恩准。这是明朝开国后郡主随夫还乡的第一例，不但轰动县邑，对吕家更是一桩大事。为迎接三弟归来，吕炯特地建了友芳园。王世贞《泰兴令雅山吕君墓志铭》说："去舍不数武，有园曰友芳，志兄弟也。亭池卉木、嘉筱映带之楼曰瞻云，志思父也。"园林取名为友芳，是为了敦睦兄弟之情；园内的高楼称作瞻云，是为了缅怀父亲之恩，由此推断，显然应建于吕相去世，吕熯返乡之时。回乡后，吕熯在吕炯宅东建了新宅，宅后也构一园，取名荫芳园[④]。两宅相邻，两园也相邻，愈显得兄友弟恭、一家和睦。

这样的推断也与《长林石几图》的绘制时间相合。友芳园于隆庆五年（1571年）动工，孙克弘诗中说"绕轩惟种竹，年来已成林"，园林规模不大，第二年便落成了。因此隆庆六年（1572年）冬天，宋旭奔赴华亭为吕炯求画，素不轻易许人的孙克弘因好友之请慨然落笔，并题诗相赠。与此同时，莫是龙则为吕炯撰写了《长林亭记》。在园林建成后邀请名家绘制园图、撰写园记正是晚明时期流行的风尚。

3.2 后期拓建

从《长林石几图》和《长林亭记》看，友芳园刚建成时格局很简单，景致也很少。万历五年（1577年）吕炯从泰兴知县任上辞职回乡，对友芳园作了一番拓建，请余寅撰写了《大雅山居记》。至此园景才极大地丰富起来，达到20余景，不少文士为之撰写了组诗，如莫是龙《长林杂咏为吕心文作》21首[⑤]、王稺登《友芳园杂咏》26首[⑥]和黎民表《吕氏心文友园亭杂咏》12首[⑦]。

万历年间的这次拓建增加了不少建筑，园中景致可以从《大雅山居记》和三组园诗中了解到。在《长林石几图》里只能看到三座亭子，可能是石几亭、搴芳亭和香雪亭，这次又添了玄览楼、振藻斋、素心居和清修阁等。

除了拓建友芳园，吕炯还在城外西郭建了五柳庄。沈懋学《五柳庄记》曰："故有所为园近市，市居则知交往往即而请间，不优于谢客。……遂命工卜地西郭外"[⑧]。

莫是龙《长林杂咏为吕心文作》、王稺登《友芳园杂咏》所咏各景比较 表1

莫是龙	玄览楼	振藻斋	素心居	阳和洞天	来月轩	搴芳亭	松月台	长生池
王稺登	玄览楼	振藻斋	素心居	阳和洞	大雅堂	搴芳亭	松月台	长生池
友芳桥	听溜石	石几亭	石丈	湘云径	柳竹巷	蔷薇曲	芙蓉堤	香雪亭
友芳桥	听溜	石几	石丈	湘云径	柳竹巷	蔷薇曲	芙蓉堤	雪香亭
心远处	香玉丛	清修阁	绿水湘荷					
心远处	玉树丛	清修阁	绿水	总芳径	青桂林	牡丹砌	桃李园	凌霄坞

① 吕留良家族近代成员(2)——吕留良曾祖吕相。见：http://yasugongshang888.blog.sohu.com/97782385.html。
② 黄洪宪．明承德郎山西行太仆寺寺丞吕养心先生墓表．见：卞僧慧．吕留良年谱长编．北京：中华书局，2003：21。
③ "吕炯辞官归里后，扩建家园，名友芳，亭池花卉，映带其中"。见：俞国林．天盖遗民——吕留良传．杭州：浙江人民出版社，2006：14。
④（明）冯梦祯．淮府仪宾心源吕公墓志铭："舍后开园数百弓，额曰荫芳。美日集知旧其中，流连日夕，即不善饮，正襟危坐，了无倦意。竟席不谈人过，人咸称公长者。"见：（明）冯梦祯．快雪堂集．卷11．万历四十四年刻本。
⑤（明）莫是龙．石秀斋集．卷10．四库全书存目丛书．集部188。
⑥（明）王稺登．王百谷集．竹箭编．卷下．四库禁毁丛刊．集部175。
⑦ 有玄览楼、素心居、搴芳亭、松月台、石丈、阳和洞、总芳径、石几、长生池、友芳桥、溜石、山礬障十二景。见：清文渊阁四库全书．集部．别集类．明洪武至崇祯．瑶石山人稿，卷15。
⑧（清）杜森修．邝世培纂．康熙石门县志．卷1．康熙四十七年刻本。

友芳园位于城内，常有人慕名来访，辞官后的吕炯喜好清净，因此在城外的幽僻处又建了一座园林，以避俗客。吕炯共有两座园林，一是宅旁的附园友芳园，二是郊外的别业五柳庄。康熙《石门县志》称其除友芳园，“又有别墅曰五柳庄、大雅山居以及长林亭诸胜”，是将友芳园的别称误作其他两座园林，并不准确。

4 园林布局和造园意匠

孙克弘《长林石几图》提供了直观的图像资料，结合图后题跋、莫是龙《长林亭记》和墓志铭、行状、县志中的记载，可以对隆庆六年（1572 年）友芳园刚建成时的格局和风貌有比较清楚的了解。万历五年（1577 年）的改筑虽然大大拓展了园林规模，并有大量诗文传世，但缺少直观的参照。因此本文重点探讨刚建成时的友芳园，对后期拓建只略作涉及。

4.1《长林石几图》简析

从孙克弘的跋语看，他并未到过友芳园，对园林的印象主要得自宋旭的介绍（“尝闻语水上”），隆庆六年（1572 年）园林刚建成，他还没有机会去游览。这令人不禁怀疑《长林石几图》的可靠性，此图对于园貌有多大的忠实度？

园林史中常见的情况是邀请异地的名家撰写园记，这类园记大多对园貌避而不谈，或仅写其大略，而着重作哲学意义上的发挥；与之相似，请异地名家绘制的园图也经常流于写意和想象，如文从简《园林景色图》便坦言“想象园林景色为仁庵先生写意”[①]。但《长林石几图》却是个例外，避免了写景方面的不足。因为前来求画的宋旭也是一位画家。园林建造期间他一直住在吕家，鉴于明清之际画家与造园的密切关系，他很可能曾为之出谋划策，对友芳园必然极为熟悉；作画前孙克弘问起园中情形，宋旭除了用语言描述，顺便勾勒几笔并非没有可能。美术史家早就注意到，《长林石几图》的笔墨和风格，尤其是对庭院周遭山丘及土石的描绘，都带有宋旭的影子[②]。我们甚至可以大胆推测：宋旭很可能协同孙克弘一起完成了此图的草本，或者至少帮忙推敲过图面的安排，因此图中描绘的景物应该相当可信。或许这也是吕炯托付一位画家去求人作画的原因，《长林石几图》正是两位画家的一次交流良机。

4.2 园林布局

莫是龙《长林亭记》没有署年，推测应作于隆庆六年（1741 年）前后，是对友芳园卜筑初成的祝贺。记中写道：“长林亭者，吕子心文之所筑也。吕子性好竹，既拓地宅居之后，倚城环堵而为园。园曰友芳，开方数百余武。度其左偏东之北，台榭、花石、陂池，分布周列，深窕而可游也。其右偏西之南，皆竹也，大都得拓地之半，延袤而成林，引而望之，翛然远矣。分林而为径，径有曲沼，架石而为梁。竹下置磐石，石方正坚润，如弹棋局可憩而凭也。旁竹屈垂，时时拂扫石上。初无尘垢，风至，竹石之韵，泠泠相发，闻箫管音。于是，吕子乐之，镌石铭焉。久之，惧为风雨苔藓之所剥也，则又删竹，覆石结茅而为亭。亭不盈丈，周无牖户，耳目虚朗。吕子雅慕闲静，日徜徉林间，啸歌自适。或倦而小憩，或醉而待醒，或击拊以佐啸歌。于是，吕子乐甚。”[③]

《长林亭记》的描写与《长林石几图》颇为一致，笔者结合两者绘制了一张平面示意图，试对友芳园加以分析（图 2）。

《长林石几图》中的友芳园位于城墙下的山谷间，较为隐秘（图 1）。晚明不少园林都选址在城外近郊，园主不必长途跋涉便可到达，避开市嚣，享受野趣。从画面上方的城墙看，友芳园很像是一座城外的郊园。但从《长林亭记》和康熙《石门县志》中知道，此园位于城内，在吕炯住宅北面，是一座宅第园。与许多江南市镇不同，崇德县城常遭倭寇侵犯，城外并不安全。

图中园林藏在连绵的山谷间，因此外部只用短篱围合，不设垣墙；内部也是用短篱隔成内、外两园。游人在山谷间穿行，远远可以望见城墙上的雉堞，继续前行便看到从园中挺拔而出的修竹和掩映在竹间的方亭。穿过围篱上的拱门进入外园。这里以一座长方形水池为中心，池岸驳砌整齐，围有栏杆。近景特置一排形貌各异的假山怪石，间植芭蕉和桂树等；对面是生长旺盛的竹林，两只白鹤在池边林下悠闲地踱步、和鸣，竹林后部临近水边露出一座方亭的屋顶（图 3）。沿竹林向左再穿过一道篱门进入内园。一条弯曲的河流横亘在眼前，画面上方的竹林外有若隐若现的城墙，河水也许便引自墙下的内护城河。经由石桥踱到对岸，绕过一座小假山，便看到了园中主景——石几亭。园主坐在亭中，靠着栏杆，悠闲地观看僮仆给盆景浇水。亭内几乎完全被一张巨大的石几占据，上面摆设

① 文从简《园林景色图》题识，见：杨新. 故宫博物院藏明清绘画. 北京：紫禁城出版社，2007：58。

② 高居翰曾特别指出，《长林石几图》“在描绘庭园周遭的山丘及土石时，孙克弘运用了宋旭的风格，想必是学自宋旭无疑”。（美）高居翰. 山外山. 北京：三联书店，2009：75。

③（清）薛熙编. 明文在. 卷 64. 康熙三十二年刻本。

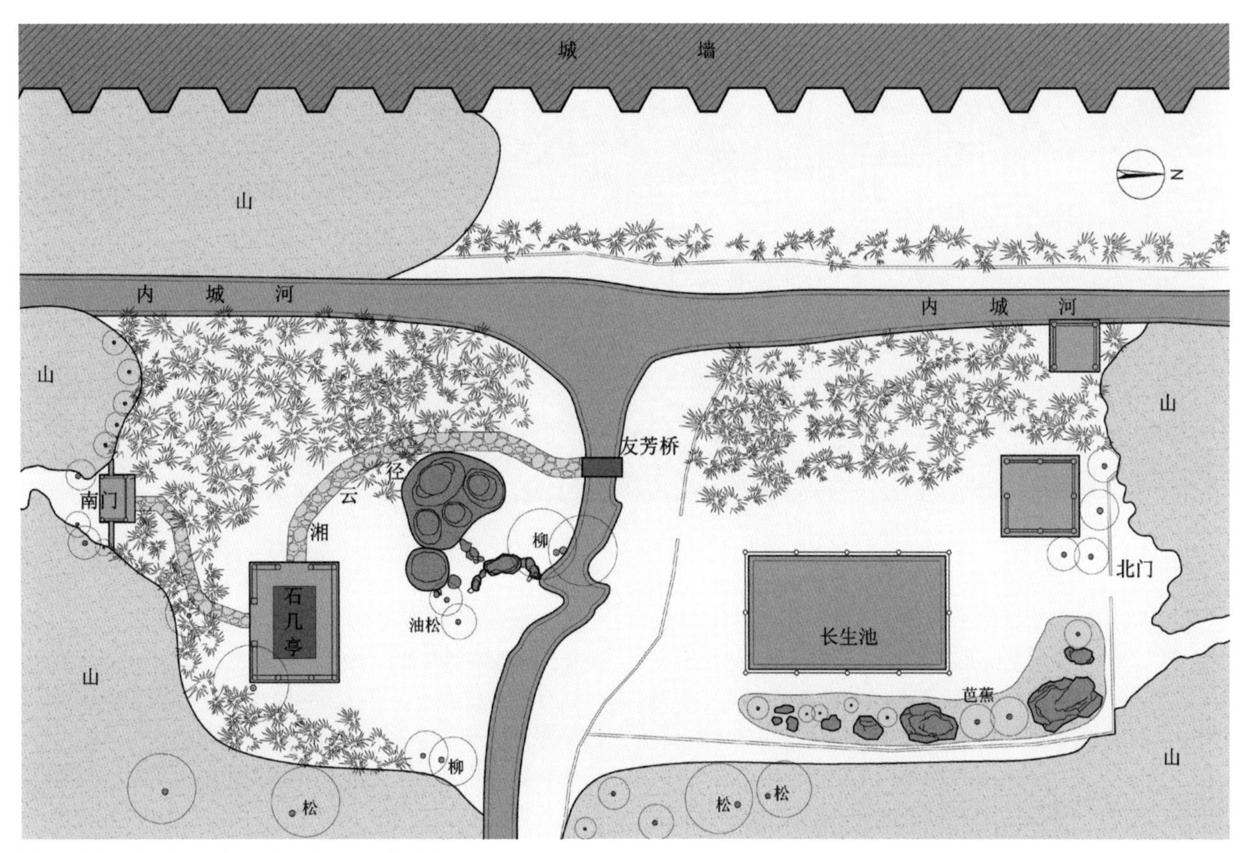

图 2 友芳园平面复原示意图（图片来源：黄晓 绘）

图 3 《长林石几图》中以方池为中心的外园

图 4 《长林石几图》中以石几亭为中心的内园

着青铜器物、砚台和书籍等。一条曲折的铺石小径由河边通向石几亭，又从亭后穿出，消失在竹林中（图 4）。密密的竹林继续引导着观者前行，到达夹峙在山石间的另一处园门，此门有围墙、有屋顶，较围篱上的拱门更显正式。门外一位拄杖的老者和背负物品的童子正迎向园林走来。全园到此结束，向后又是连绵的山丘，一派自然景色。

《长林亭记》总结了友芳园的布局：东边和北边布置台榭、花石、水池等，西边和南边全部种竹。从图中可以看到，石几亭、长生池等都位于图的下方，也就是东边；竹林位于上方，在西边，几乎占了园林一半的面积。值得一提的，是孙克弘为了使园林入画所作的调整。按《长林亭记》的描述：台榭、水池在园东，竹林在园西，可以推知《长林石几图》中卷首的篱门是北门，卷尾那座带围墙的垣门是南门。友芳园位于住宅北面，平时吕炯到园中来，最常走的应是南门。从图上看，这座南门也更像是园林的正门，友芳园自然会有一块园额，悬挂在这里要比在篱门上合适得多（图 5）。

图 5 《长林石几图》中两处园门对比。左为卷尾南门，右为卷首北门

手卷的欣赏顺序是从右向左，因此《长林石几图》其实是带领参观者从后门入园开始游赏。这是孙克弘为了兼顾描写实景和画面构图而作的变通。石几亭是园中主景，如果按吕炯通常的游园顺序将其置于卷首，开卷即见，可能会减弱手卷的艺术魅力。因此孙克弘选择了从园外的山丘开始，经过篱门、方池、河流、假山，一步步渐入佳境，到石几亭抵达高潮，最后以竹林和山丘作结；就好像绝句诗人通常把重要的意象留在第三句描写，而将开头两句挪为开场酝酿气氛一般。这里，孙克弘兼顾了构图和写实的需要，使此图既成为对园林的真实写照，又不失为一件精彩的绘画作品。唯一的牺牲就是只好让观画者从后门入园。

4.3 造园意匠

友芳园具有典型的明代园林特点：园林的格局比较疏朗，人工构筑物不多，只有三座轩亭和一座水池，山石花木等自然元素比重较大，富有天然气息。园中有后世已不多见的方池。池东罗致奇石，重观赏而不重登临，正是计成在《园冶·自序》中提到的“取石巧者置竹木间为假山”的做法。计成描述的“排如炉烛花瓶，列似刀山剑树；峰虚五老，池凿四方”（《园冶·掇山》）等做法都可以在图中见到。晚明造园艺术的变革要到张南垣（1587～约 1671 年）成年后才最终完成，距离此时尚有四十多年，《长林石几图》保存了珍贵的园林史资料，使今人能够形象地看到变革前的风格和它们处于盛期时的动人姿态。

此外，友芳园的平面布局还反映了古人对园林与自然关系的思考，其营建过程则反映了古代“生生思想”在造园实践中的体现。

石几亭作为友芳园的主体建筑，背倚竹林，向北对着园中主景，相对于南边的住宅呈现出一种背离的姿态。这种宅、园关系与拙政园有些相似。拙政园的格局也是住宅在南，园林在北，园中正厅远香堂虽有南北两面，但南部较为拥塞，北部开阔，主要也是面向北部的山池。石几亭和远香堂作为园林正厅，对于住宅的这种背离并非偶然。在宅第园中，园林并非住宅的简单延续，不是在数进庭院之后再添一进；而是另立门户，自成一体，与住宅平起平坐，创造出两个世界。园中主体建筑的这种逆向设置有助于人们心态的转换。从宅中来到园中，先借助假山林木将住宅隔在身后，再通过面向主景的厅堂将人的注意力转移到山水花木间，从而使其淡忘日常事务，沉浸在自然的幽趣中。这种对世俗生活的背离也体现在山林园中。建在山间的寺庙或住宅大多选择背靠青山，面向城市，但园林的布局却往往恰好相反。如无锡寄畅园，便将主要建筑设在靠近城市的水池东岸，全园各景皆面山临水，朝向西面的惠山和南面的锡山。园林在对尘网俗务的排拒和对林泉清韵的接纳中确立起自己的独立地位。

莫是龙《长林亭记》写到吕炯造园的心路历程：“予尝从云间一过，吕子弛然憩予于斯亭也，谓予曰：‘吾乐于斯亭也，子知之乎？吾方爱竹，竹成而得几，又因几而得亭。三者不相期而相得，吾未尝有意于其间也。然林得竹而幽，竹得几而清，几得亭而胜。盖长林之趣，备于斯亭。三者相得而成林，吾亦未尝有意于其间也。子入吾林，憩吾亭，得吾之乐也乎哉？’”最初吕炯只是打算种竹，竹林刚长成，正好得到一张石几，为保护石几又建了茅亭。竹、几、亭不期而遇，却相得益彰，相映成趣，吕炯对这种“无心插柳柳成荫”的结果非常得意。园林史中更著名的，是李渔建造浮白轩的过程：“盖因善塑者肖予一像，神气宛然。又因予号笠翁，顾名思义，而为把钓之形。予思既执纶竿，必当坐之矶上。有石不可无水，有水不可无山。有山有水，不可无笠翁息钓归休之地，遂营此窟以居之。”[①] 有人给李渔塑像，李渔号笠翁，因此塑成钓翁的样子；李渔将其置于园中，由于塑像作钓鱼状，应坐在水边，于是设了石矶，继而拓宽水池，并建造假山与水相衬；有山有水有钓翁，还需要休息之所，这样便逼出了浮白轩。这两段造园的过程很相似。当初并未考虑建造的房屋，最后却成了不可或缺之物，甚至成为园林的精华所在（长林之趣，备于斯亭）。

由一而二、由二而三，是古代一种常见的思维方式。事先不做全面的规划，而是相机而动、随机应变，在此过程中，任何因素都可能参与进来，将事情向前推动。由此及彼、生生不息正是《周易》的思想核心，64卦环环相生，“屯者，物之始生也。物生必蒙，故受之以蒙。蒙者蒙也，物之稚也。物稚不可不养也，故受之以需”（《周易·序卦传》），前者启发后者，后者补足前者，矛盾不断解决，又不断产生……由此推演出整个体系。吕炯的由竹而几、由几而亭，李渔的由像而石、由石而水、由水而山、由山而轩，正是《周易》“生生不息”思想在造园领域的具体而微。造园者与外界有充分的互动，外来的时遇和造园者的意志互相启发，迭为因果；园林在造园者对外界条件的不断回应中逐渐成形。计成将“虽由人作，宛自天开”《园冶·园说》作为造园的理想境界，这种思维方式和实践过程正是通达此种境界的途径之一。

5 友芳园在后世的影响

吕炯晚年主要在友芳园和五柳庄中度过。友芳园里藏有许多“法书、名画、鼎彝之属”，吕炯在园中“日宴坐焚香，读老、易、离骚。或从昆弟亲宾，婆娑啸咏，不及俗事。四方才人墨士至者，迎之花下，割鲜洒酒佐以清言，留连信宿，至者忘返。间命舟过郊西所称五柳庄者，撷蔬网鲤，岸帻高歌。或与田夫野老，较阴晴，问禾黍，居然柴桑之致焉。”[②] 这种悠然自得的生活一直持续到万历十三年（1585年）他去世。吕炯卒后，好友郭子直来访，作《友芳园怀吕泰兴》：“城角芳园户半开，长林倚仗独徘徊。当年抱瓮人何在，此日看花客又来。蔓草春深荒砚沼，邻鸡日暮上香台。莫因今昔嗟兴废，金谷平泉尽劫灰。”[③] 此时园林已有些荒凉，池边长出了蔓草，台上有家禽在觅食，令人顿起兴废之感。

吕炯只有四个女儿，无子，吕熿将次子吕元肇过继给他。吕氏家族的后人里最著名的是吕留良（1629～1683年），他是吕熿的长孙，后过继给吕焕之子吕元启（图6）。吕留良早年热心于社会活动，顺治十八年（1661年）“始谢去社集及选事，携子侄门人读书城西家园之梅花阁中”[④]。当代学者多以为这处“城西家园”指友芳园，其实作为吕熿的后人，吕留良居住的应是荫芳园，康熙年间吕炯一房仍有后人在照看友芳园。吕留良名气很大，结

---

① （清）李渔．闲情偶寄．居室部．窗栏第2。

② （明）冯梦祯．吕先生行状．见：（明）冯梦祯．快雪堂集．卷9. 万历四十四年刻本。

③ （清）杜森修．邝世培纂．康熙石门县志．卷10. 康熙四十七年刻本。郭子直字舜举，号汾源，崇德人，隆庆五年（1571年）进士，其妹嫁吕熿长子吕元学。郭氏曾召里中工诗者为殳山社，吕炯和宋旭都是社中成员。

④ （清）吕公忠．家训附记。见：卞僧慧．吕留良年谱长编．北京：中华书局，2003：112。

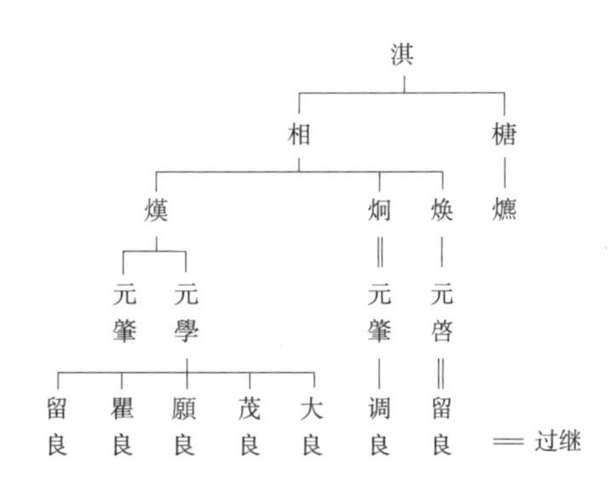

图 6　石门吕氏宗谱（图片来源：据卞僧慧《吕留良年谱长编》世系表五改绘）

图 7　友芳园遗址位置示意（图片来源：引自 Google 地图，2010 年）

交的都是当世鸿儒，他们在荫芳园中著书论道，并常一起过访一墙之隔的友芳园。康熙二年（1663 年）黄宗羲（1610 ～ 1695 年）在荫芳园梅花阁开馆，游友芳园，作《过长林石几亭》，追怀当年吕炯与群贤在园中雅集的盛况，“林下有石几，铭诗列纯驳。纪年皆庆历，题名多卓荦。”[①] 这年四月，吕留良又邀请黄宗羲、高斗魁、吴之振一起欣赏宋旭的《辋川图》，四人都郑重地作诗纪念[②]。吕留良是爱园之人，晚年曾请张南垣之子张熊在妙山构园，并向友人推荐张熊[③]。

到雍正年间，轰动朝野的曾静（1679 ～ 1735 年）案发，吕留良被定为逆案首恶，株连极广极惨。他本人和长子被戮尸枭示，小儿子被斩首，吕氏族人悉数发配到东北边疆的宁古塔，家族财产全部充公。崇德再无吕氏，友芳园也随之没落，《辋川图》和《长林石几图》都下落不明。也许这就是《长林石几图》不见于历代著录的原因。

这一遭遇给友芳园蒙上了一层神秘色彩，一方面人人避之唯恐不及，另一方面它的故事一直在当地民间流传。同治十三年（1874 年）夏，徐克祥于友芳园旧址重葺颐志堂。光绪年间，徐福谦（1826 ～ 1903 年）撰绘《语溪十二景》，第十景“潭水秋澄”便指友芳园：“寒潭近接七星旁，旧园荒凉说友芳，秋水一泓长寂寂，楼台无影入池塘。”[④] 清末还有画家绘《崇德四石图》赠送友人，其中的牡丹石与梅花石都与友芳园有关。民国时期徐蕴华女士（1884 ～ 1962 年）曾居住在友芳园旧址上，写了不少诗缅怀此园[⑤]。徐蕴华是同盟会成员，与秋瑾情同姐妹，吕留良的反清之举必然给她留下深刻印象，使她对友芳园怀有一份特别的感情。

据当代学者考证，友芳园的具体位置在今嘉兴桐乡市崇福镇西门内，“朱家门以东，东至新民路大操场西，南至雨道内崇福饲料厂后，西至朱家门东北角，北至晚村路桐乡二中之西。”[⑥] 友芳园到清末时已经面目全非，仅存一些山、水遗迹，进入近代后，连一些仅存的山、水、石料也被改尽毁绝，如今仅有遗址尚能指认，供后人一发思古之幽情（图 7）。

（注：本文原载《建筑史》2012 年第 29 期）

参考文献

[1]（明）莫是龙 . 石秀斋集 . 四库全书存目丛书 . 集部 188.
[2]（明）冯梦祯 . 快雪堂集 . 万历四十四年刻本 .
[3]（明）王世贞 . 弇州续稿 . 文渊阁四库全书 .
[4]（清）杜森修 . 邝世培纂 . 康熙石门县志 . 康熙四十七年刻本 .
[5]（清）耿维祜修 . 潘文辂纂 . 嘉庆石门县志 . 道光元年刻本 .
[6]（清）余丽元纂修 . 光绪石门县志 . 光绪五年刻本 .
[7]（美）高居翰 . 山外山 . 北京：三联书店，2009.
[8] 沈曾植 . 海日楼题跋 . 北京：中华书局，1962.
[9] 卞僧慧 . 吕留良年谱长编 . 北京：中华书局，2003.
[10] 俞国林 . 天盖遗民——吕留良传 . 杭州：浙江人民出版社，2006.
[11] 蔡一 . 吕留良家乡遗迹考 . 桐乡文史资料・第 3 辑・桐乡县历史名人史料 (1)，1986：62-82.

① （清）全祖望 . 续甬上耆旧诗 . 卷 38. 民国 7 年铅印本。

② 黄宗羲、高斗魁各作《宋石门画辋川图》一首，吕留良作《看宋石门画辋川图依太冲韵》，吴之振作《再咏辋川图次韵》。见：卞僧慧 . 吕留良年谱长编 . 北京：中华书局，2003：128-129。

③ （清）徐倬（1624 ～ 1713 年）《晚村致书云张叔祥善累石种树属其为余营筑余谢之即以诗代书答晚村》云：“前呼张老来空山，商略磴道取纡曲。设篱树楥护名泉，红亭杰阁构山麓。欲分福地到朋侪，驰书劝予小卜筑。”转引自卞僧慧 . 吕留良年谱长编 . 北京：中华书局，2003：266-267。

④ 蔡一，陈曼倩 . 清代《语溪十二景》考略 . 见：桐乡文史资料 . 第 6 辑 . 桐乡县名胜古迹专辑：44。

⑤ 《踏青词》其三：“友芳文宴忆还无，母子联吟笑口呼。亲种梅花三百树，一经烽火变荒芜。（北丽十岁能诗，侍予居友芳园旧址，园中风景绝佳，母子联吟为乐。自遭烽火，一无所余。）”其女徐北丽有《雪后返友芳园旧址赋此遣兴》。见：徐蕴华，林寒碧诗文合集 . 北京：社会科学文献出版社，1999：3、288。

⑥ 蔡一 . 吕留良家乡遗迹考 . 见：桐乡文史资料・第 3 辑・桐乡县历史名人史料 (1)，1986：62-82，64-65。

中国传统园林借景理法之核心：因借自然之宜

薛晓飞

计成在《园冶》开篇“兴造论”中总结的：“巧于因借，精在体宜”。具体来说就是“借宜造景”。这其中，最关键是“宜”，因借的目标就是体现“宜”。用地之宜，包括“地之宜”和“人之宜”，是园址所具有的客观现状条件。这里的地之宜主要指自然因素，具体为地形地貌。在此基础上，园林创造出人工微地形的变化，借地形与植物种植改善出更宜于人的小气候条件，这是园林设计首当其冲需要解决的问题。其中的重点是寻找出有利与不利的生态条件，准确估量用地自然环境间的差异，即用地之异宜。设计者要善于从这个差异中捕捉设计构思，顺应或彰显园址的自然环境特点。

1　用地的自然地宜

用地的自然地宜，也就是地利。风景园林设计“借景”理法有关“地利”主要属于空间性的主题扩展。地利的主要因素是山水，也就是地形地貌。清代画家石涛在《画语录》中说：“得乾坤之理者，山川之质也。”有了山川就有高下、虚实、明晦以及动静等空间的性格。于是就产生因高借远、俯仰互借、凭水借影、借声绘色、借香熏风、借光照影等处理手法（孟兆祯，1999年）。有了山水就有动植物、山石等取之不尽、用之不竭的借景素材。

人类的历史就是利用和改造自然的历史。人类不仅在引水治水等生产活动中，而且在建设自己聚居环境的时候都在不同程度上利用和再现地形。这里“利用”是指在自然地形的基础上顺其势而为之。“改造”则是指在现状的基础上加以适当的人工改变，两者都是为了人类的生产及生活而进行的活动。因为地形是气象变化、土地的表面径流以及土壤成分的重要基础，从而可以为动植物包括人本身的生存提供良好的生态环境条件，所以人类环境建设的第一步就是利用和改造地形。

在中国传统的风景园林设计中对于地利环境的因借，首先要明确何为地之宜与不宜。然后才能用其有宜避其不宜。这其中的标准，是人们从长期生产生活中获得的，它是中国传统自然观和审美观的体现。

1.1 从实用的角度

人们对山水地形的宜与不宜的标准最初应该说完全是从本能的生存角度出发的，即能否满足人类的生产和生活这一最基本的物质环境要求。中国古人在长期的生产生活实践中自有一套最佳的人居环境模式经验，这便是风水理论。中国的风水学说抛开其迷信成分外，就是“负阴抱阳，藏风聚气”而得出的最佳宅址、最佳村址和最佳城址模式（图1、图2），实际上都是以山水地形为骨架的，有其科学的依据，值得我们进一步认真研究。风水中的“龙、砂、穴、水”实际上是对于自然山水的形态的形象化的引类比喻。所谓相地就是“觅龙、察砂、观水、点穴”，“龙”指的是山脉峰峦，“砂”为阜丘，“穴”则为三面或四面环山的盆地。这种穴位通常被认为最佳的风水格局，这里“内气萌生，外气成形，内外相乘，风水自成”这也是古代对于地形及其形成的小气候为动植物形成良好生存条件的由实践上升到理性的认识。古人的风水观在人类聚居环境择址方面，主要在于依山川，设险防卫，便于交通联系，土地肥沃适于农业生产，背风向阳等主要因子。总之，实用角度出发的理想的园地就是：“山环水

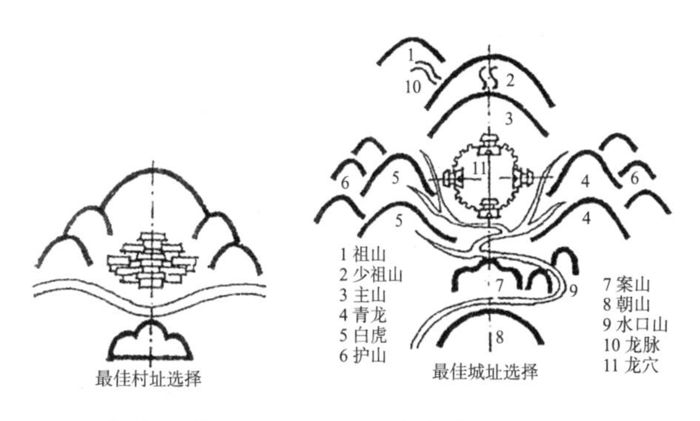

图1　最佳村址模式　　图2　最佳城址模式

抱”“或依山林，欲通河泽”，即要求有山或有水。其次应该“负阴抱阳，藏风聚气”。它要求：后有靠山屏障，左右砂山环抱，前有朝案围拱，出入循水口穿行。亦即理想的人居环境应该是山环水抱、植被茂盛、通风向阳的幽静之地。这正是风景园林设计最理想的地宜环境，《园冶》中也提到：“凡结林园，无分村郭，地偏为胜”。从中我们也可以发现风景园林设计的目的就是为了实现“风水宝地”的环境氛围。

大自然姿态万千，并非都是佳境。风水的主要目的，一是挑选出吉祥的地址，一是把凶相的地形改善成吉祥的地形。风水的实质，实际上就是如何有效地利用自然，与自然相平衡、相协调，保护自然，使建筑物与自然相融合。但是面对不理想的地形，风水不一味放弃，也不完全“顺应”自然，在“顺天”的同时对地形进行积极处理，合理布局，使之趋于理想模式。与风景园林建设相关的最

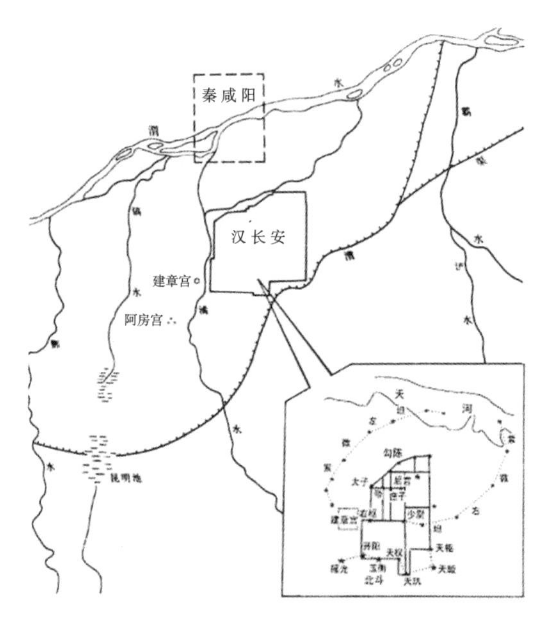

图 3　汉长安渭水贯都示意图

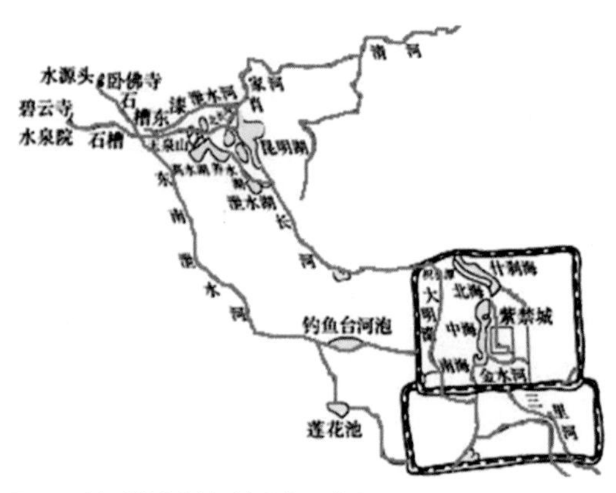

图 4　明清时期北京城引水贯都示意图

常见的有以下两种方法：(1) 引水聚财。水是关系到气的一大要素，因而在风水中水又是财源利吉利的象征。其中有引沟开圳，就是为了疏通一地的给水排水，具有强烈的实际功能。这种方法，自古以往就常常采用，最熟悉的莫过于引水贯都了，《三辅黄图》中关于长信宫的记载就有“引渭水贯都，以法天汉”，“横桥南渡，以法牵牛”。实际上将水引入城市，不仅仅是满足统治者“法天象地”的目的，它还是城市居民的生产和生活息息相关的水源，同时城市也会因为有一定的水面，而具备良好的物质环境（图 3）。元代郭守敬开辟北京的水系引水贯都解决了水源的问题，而且形成三海以人造自然的曲线与皇城棋盘式的布局互为调剂，二者形式相得益彰（图 4）。在风景园林设计中，只要条件具备，引水和开湖都是最常用的手法。“山水相依，藏风聚气”，本就是最佳的人居环境。(2) 植树补基。就是在平原或没有靠山的地区，通常采用植树的方法弥补基址的不足。在我国古代，村落附近的一大片树林会被风水先生划为本村的“风水林”，不许任何人砍伐破坏，砍伐者甚至有的被处以极刑。在这些“风水林”中，有些是为了遮挡北方吹来的冬季风，有些是为了保持水土，防止山洪、滑坡等灾害的发生。这说明利用植被保护自然生态环境，自古以来就为中国人所重视，虽然披的是“风水”的外衣，但其作用是不容忽视的。现代科学研究表明，植物不仅仅可以防风固沙，本身还具备吸收二氧化碳、释放氧气、增加空气湿度、降温、防风，净化空气（如杀菌、滞尘、吸收有毒有害气体）以及减弱噪声等生态效应。现在的风景园林设计中，对植物除了艺术性的要求外，还规定了硬性的指标来保证用地的绿地率。如国家园林城市标准中规定：“全市园林式居住区占 60% 以上；新建居住小区绿化面积占总用地面积的 30% 以上，辟有休息活动园地，改造旧居住绿化面积也不少于总用地面积的 25%”等等。

以上这些都说明，中国人对地宜条件的判断自古就有其一定的科学性的，也就是说风景园林设计的“借景”理法是建立在科学性的基础上的。

1.2 实用与审美相结合的园林环境

当山水环境满足了人们的生活和生产之后。更高一层的审美活动便提到意识日程上来，中国的山水审美从一开始的图腾崇拜到山水比德，以山水来表达人的感情，寄托人的志向。而将山水境界生活化则是人们山水审美的高潮，也就是说人们已不再满足于寄情言志而更加注重审美主体和客体的直接结合，即所谓的参与性。郭熙明确指出“世之笃论，谓山水有可行者，有可望者，有可游者，有可居者。画凡至此，皆入妙品”。这其实已经涉及了风景

园林的内容了，即园林环境就是将用地的实用性和审美的艺术性性结合的人居环境。用地的地形地貌是风景园林理景最为基础的物质条件，因此对于风景园林来说就是要在充分理解用地自然属性的基础上，从用地实际情况出发借其利减其弊，营造科学性和艺术性兼备的，又不失其自然特色的，既具备可居可行的实用功能又能可望可游的审美意趣的园林环境。

由于中国风景园林以“自然”取胜，因此用地自然因素直接影响到园林的总体风貌，用地的自然地宜的因借是风景园林设计“借景”理法的首要问题，针对不同的地形地貌采用不同的手法，本着实用和美观相结合的原则对现状地形地貌要有所取舍对待，最终目的一方面要“自成天然之趣，不烦人事之工”；另一方面可以彰显用地的特征，创造不同风格的园林环境，而具体做法就是要在现状自然条件基础上，在充分掌握用地环境的不宜与有宜条件下，结合造园的目的立意来确定具体应用的方式：因凭或者人工再现自然环境。现状条件与目标之间的差就是风景园林设计需要做的工作（孟兆祯，2004）。对于风景资源丰富的地方，风景园林设计对于地形地貌主要就是因凭和适当的改造，基本上尽量保持原貌，避免画蛇添足就可事半功倍了。而对于现状条件较差的地方，对于地形的合情合理塑造就非常重要了。下面一节就此具体展开论述。

2 因借自然，得体合宜

我国园林以自然山水为主体，而自然山水都是千变万化不规整的。处于一定自然条件下的风景园林要素，在营造的时候，一定要考虑与其周边环境的因果联系，充分利用地宜条件恰当组织和安排，以形成丰富多彩的与自然环境“妙合无垠”的风景园林景观。

2.1 因山就水与模山范水

园林可以说是人与自然沟通的一个窗口，所谓“一方水土养一方人”，各地方有各地方的山水特征和情性。不同国家和地域的园林反映出来的不仅仅是文化意识语言风俗等等方面的差别，更多是则是不同的“地利”环境的差别。如何因地宜而园异，便是造园理景首要面对的问题。以意大利与法国古典园林为例，它们同属一个园林类型。多山的意大利是其著名台地园的摇篮，同一血统下的法兰西却是在地形相对平缓的丘陵和平地上将以中轴对称为主要特征的西方古典式园林发展到极致，以勒·诺特尔为代表的法国园林设计师在继承意大利台地园特点的同时，并没有创造新的要素，他们因地制宜，根据每个园林的地形特点和园林面积的大小，创造性地使用了这些要素，形成更广阔、更宏伟的园林。以勒·诺特尔式园林为代表的法国古典主义园林，轴线更突出、更精彩，它是花园的艺术中心，而不再是意大利文艺复兴花园里那种单纯的几何对称轴线。林荫路更长，透视更深远；丛林园更多、设计更精彩；虽然喷泉、雕塑仍然不可缺少，但由于法国地势相对比较平坦，动水水景难以处处实施，因而勒·诺特尔式创造了以静水为主的水景，点缀以喷泉，在高差变化大的地方，布置一些跌水和瀑布。虽然没有意大利园林中水景的活泼，却以平静开阔见长，创造了以往任何园林都无法企及的辉煌壮丽的“伟大风格”（林菁，2005）。由此地利条件对园林建设的影响可见一斑（图 5、图 6）。

图 5　法国凡尔赛宫苑

图 6　意大利台地园

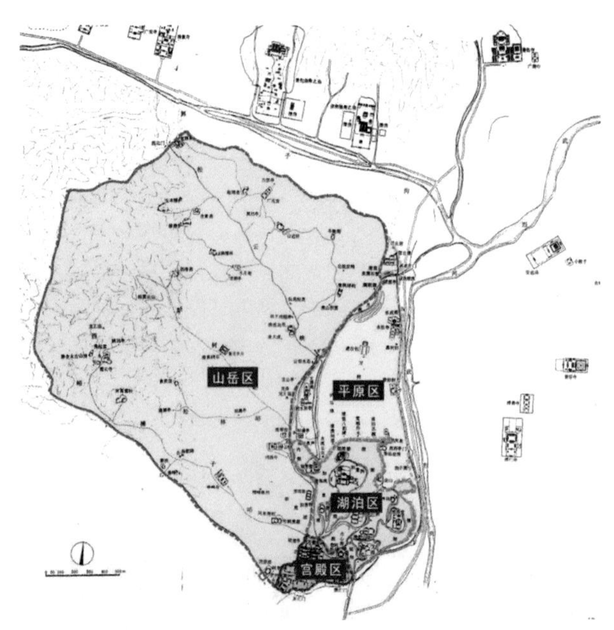

图 7　避暑山庄平面图

图 8　避暑山庄东部的馨锤峰

图 9　避暑山庄南部的僧帽峰

2.2 自然环境空间类型

中国风景园林设计“借景”理法对地宜的因借首先就是要在充分理解用地自然属性的基础上，从用地实际情况出发借其利减其弊，营造科学性与艺术性兼备的，又不失其自然特色的园林环境。在中国传统园林唯一的专著《园冶・相地》篇中计成把造园常见的地利情况作了分类，分别为：山林地、城市地、村庄地、郊野地、傍宅地、江湖地，这些用地类型基本上包括了常见的造园理景之所。同时《园冶・相地》中还针对各类不同地形地貌提出不同的设计方法从而使园林获得不同的情趣。基本出发点就是“自成天然之趣，不烦人事之工”。从中可以归纳出传统园林对于不同的地形地貌的因借原则：

（1）要保护及尊重原有的自然生态环境。原有的地形地貌山水植物都是“一方水土”的代表，这是园林理景的基础，所有类型的用地都要服从。

（2）因山就水：充分利用现状的有利条件来构建园林的景物，尤其对于风景资源良好的山林地、江湖地来说，稍加点缀（因山构室，就水安亭）就可成就一处园林胜景。

（3）模山范水：如果现状地形地貌不够理想，那就需要根据实际情况加以适当改造，因高培土，就低挖池，以完善景观形式。这类用地往往可以根据现有情况出发，突出其特点，重在山水林泉之意，而非形。否则就会出现“若本无崇山茂林之幽，而徒假其曲水；绝少‘鹿柴’，‘文杏’之胜，而冒托于‘辋川’；不如嫫母傅粉涂朱，只益之陋乎？”的不伦不类的状况。

现以承德避暑山庄来综合说明因借自然地利条件来因山就水。清帝康熙为了选定避暑山庄的地址，先后曾用数年时间，跑遍大半江山。最后才钦定在现河北省承德地区兴建（图 7）。他对用地的认识是通过反复踏查，从感性直觉升华到理性判断。他考碑碣，访村老，终于获得了对用地比较深入全面的认识：

1）避暑山庄的用地可谓是生态环境优越：“草木茂，绝蚊蝎，泉水佳，人少疾”；周边景观优美、山水壮丽，且多奇峰异石：北有金山层岩叠翠；东有磬锤峰（图 8）及诸山环带为屏；南有僧帽峰（图 9）及诸峰交错合拥，仅留一谷口向南逶迤而去；西有广仁岭耸峙，阻挡西北风。武烈河自东北方向流入，经山庄东侧后南折。狮子沟自西而东横陈，与山庄北缘相邻。以上环境因素使这片山林地既有大山重重相围以为天然屏障，而本身又具有“独立端严”之气魄；山庄具备的生态环境和优越的地理条件共同成就了其凉爽小气候条件，一方面由于海拔比北京高很多，因高得爽，另一方面山庄内部山区的冷凉空气流动给平原区和湖区起到降温作用。植物的物候期比北京要晚约一个多月，实乃避暑的好去处。

2）避暑山庄除了单纯的生态环境的条件好之外，山庄本身也具备风景优美的素质。以武烈河湄作为建庄基址，居山环水抱之中，是一块山区“丫”形河谷中崛起的一片山林地。略加经营，便形成了高山、草原、河流、湖泊的地形地貌，兼具山林地、江湖地、郊野地等几种上佳的造园环境特点。康熙便充分利用此种形胜并挟天子之能建成宫殿区、山岳区、平原区、湖泊区四区，将山庄打造得既有北方雄奇（山岳区）又具江南秀丽之美（湖泊区）。可以说正是此处地宜条件为“恬天下之美，藏古今之胜”的行宫御苑提供了理想的环境条件（图 10、图 11）。

图 10　避暑山庄鸟瞰

图 11　避暑山庄湖区鸟瞰

而同时对于圆明园来说，更多的则是模山范水了。圆明园完全是在平地上挖池堆山建造的人工山水园。由于其建园基址地势低，又是原来玉泉山和瓮山（颐和园万寿山前身）诸泉下游，于是形成大大小小的沼泽。设计者便利用园址水源充沛的有利条件，就势打造一个以水景为主体的集锦式山水园林，利用无处不达的水面将全园合而为一。主要的造园理景手法为：“以山围空间，水为纽带”。全园水体占全园面积的一半以上。大型水面如福海宽 600 多米，中等水面如后湖宽 200 米左右，众多的小型水面宽 40 ～ 50 米，回环萦绕的河道又把这些大小水面串联为一个完整的河湖水系，构成全园的脉络和纽带，同时作为水上交通之用。叠石而成的假山，聚土而成的岗阜，以及岛屿、洲、堤分布于园内，约占全园面积的 1/3。它们与水系相结合，共同构成了山重水复、层次丰厚的园林空间（图 12）。

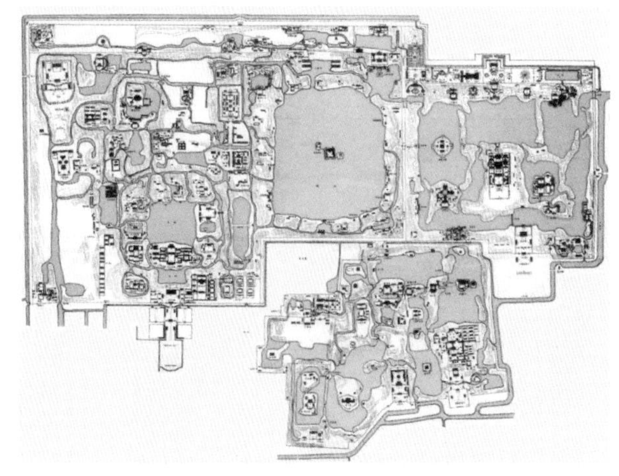
图 12　圆明园平面图

圆明园的山水处理有以下几个特点：

①圆明园内的山形水势，全凭人工，园子占地虽广，但山的体量不大，因此设计者没有追求真实的深山大川般的宏伟气派与悬崖峭壁的高峻险拔。而是结合改造水体挖出的土方，营建与水景密切配合的冈阜。虽然堆山的尺度不大，但却形成连绵起伏、曲折有致、急缓相宜、水随山走、山围水绕的复层山水空间（图 13）。设计者随之便因借此山水格局，布置了空间性格各异的园林景物。

②圆明园内的山体虽然不高，也并非全无山趣，经过人工的巧妙安排和精心施工。其景观效果是颇具山之意趣的。例如长春园之外环水系南北向的土阜，借远处西山为背景，顺势起伏，仿佛西山之余脉，颇具平远之意（图 14）。此种手法，充分体现了“就天然之势，不舍己之所长”的原则，在满足景观要求的同时可以节省大量的人力与物力，实为“平地造园，模山范水”的佳例。

2.3 园林建筑与自然地宜

建筑存在于环境之中，建筑本身又构成一种新的人为

图 13 圆明园内的岗阜

图 14 长春园内远借西山之景

环境，可以说建筑从产生之日始便与环境结下了不解之缘。古今中外，任何优秀建筑都是对环境特点理解和洞察的产物，都是恰如其分地反映外部环境的某些特征，形成建筑与环境的完美结合。中国风景园林建筑多因地制宜，依据地形及自然景观的轮廓特征，巧为铺设、点缀。例如，传统建筑院落的轴线关系，到了园林中在形式上往往会发生变化。因为保持严谨的轴线是传统建筑院落基本特点，而园林中往往就是“依山为轴”如颐和园万寿山南北中轴线上的建筑群（图 15）。中国园林建筑与自然地形的关系可简要概括为：

（1）须陈风月清音，休犯山林罪过；这概括了处理建筑与环境之间的关系的至理。在自然环境中做建筑，一方面可以使人们饱领自然之美之情；另一方面是解决居住、饮食、赏景和避风雨从而更好地欣赏风景，而不得已的手段，不是目的。因此，必须将建筑依附于山水之中，融人为美与自然美中。园林建筑与自然环境的关系，应该如同树木生根于土壤之中一样，浑然天成，自然统一。计成在《园冶》的“兴造论”中提出：园林建筑必须根据环境的特点，“因境成景”、“随曲合方”、“巧而得体”。这种要“得体”就要根据自然环境的不同条件“构景随宜”。建筑必须从属于山水风景的整体：以室让山，因山构室。由于建筑所凭借的，非山即水，因此要背峰以求依靠，跨水为通山泉。虽经建筑以后，山水起伏如故。中国风景园林里这样的例子不少，例如避暑山庄碧静堂，整个建筑群的环境条件为两溪谷夹一绝巘。建筑整体取倒座，顺山脊为轴，单体建筑因山落脚，布局紧凑而不拥挤，高低组合有致，与山林很好的融汇为一体，不仅没有破坏原地形地貌，还因此获得一处别具特色的荫凉静谧之境的阴坡风景（孟兆祯，1985）（图 16、图 17）。不仅仅中国，西方现代建筑也有类似的实例，如美国著名的建筑设计师莱特（Frank Lloyd Wright）设计的流水别墅（Fallingwater Ohiopyle, PA，图 18）位于美国匹兹堡市郊区的熊溪河畔，别墅共三层，面积约 380 平方米，别墅外形强调块体组合，使建筑带有明显的雕塑感。两层巨大的平台高低错

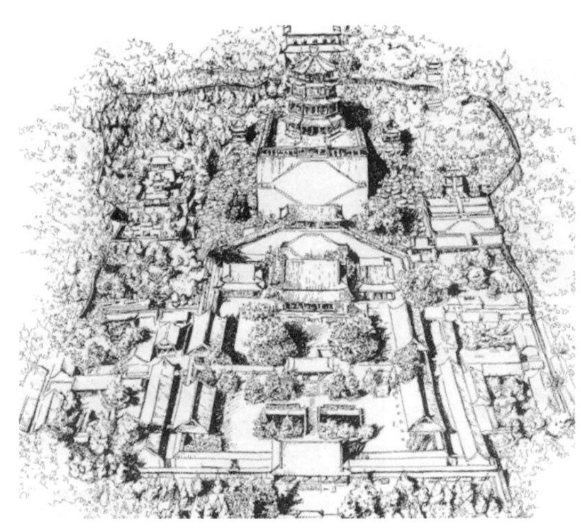
图 15 颐和园万寿山前山中轴线建筑

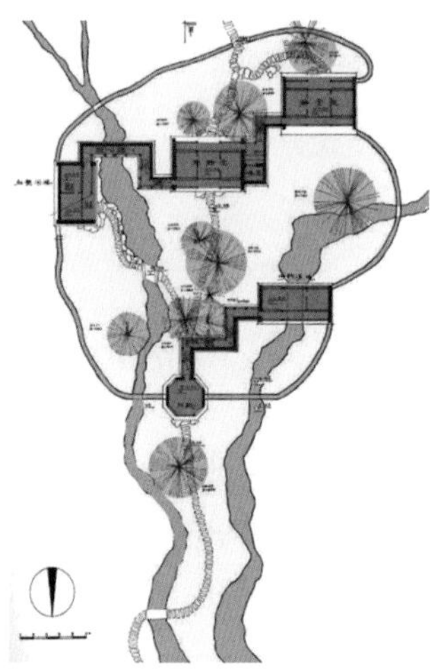
图 16 避暑山庄碧静堂复原图

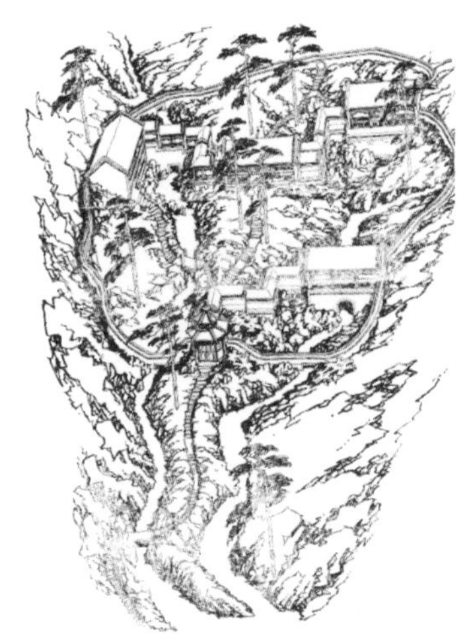
图 17 避暑山庄碧静堂复原效果图

落，一层平台向左右延伸，二层平台向前方挑出，几片高耸的片石墙交错着插在平台之间，很有力度。溪水由平台下怡然流出，建筑与溪水、山石、树木自然地结合在一起，像是由地下生长出来似的。该设计被列为美国"国家重点文物"。

（2）化整为零，集零为整，建筑在整体上服从山水，山水在局部照应建筑，由于建筑因实用功能而有面积和体量的要求，需要局部的平整土地，因此建筑要体现从整体上服从山水就必须化集中的个体为零散的个体，使之适应山无整地的条件，再用廊、墙等把建筑个体连接或划分成建筑组。同时注意在安排个体建筑时分宾主，这其中建筑的宾主关系又因山水宾主而宾主，因山水高下而尊卑。从而体现人工与天巧的妙合无垠。同样是在避暑山庄就有很多这样的例子，以坐落于山庄松云峡一条支谷尽端的玉岑精舍为例。此处是两条小山谷的交汇处，北有高岩奇松，山涧自北而南泻成瀑，南有沉谷汇溪西去。这里地形特点是南北陡而东西缓，山小且高，谷底且深。此处乍看起来不可建设，但经过设计者的巧妙用心，充分利用中国园林建筑化整为零再积零为整的方法，巧妙地利用这个特殊的地形地貌，反而创造出别致的景物。这个建筑布局是围绕丫字形的谷地展开的，由于可用之地有限，主体建筑各抱地势，分散布置。总体上是沿东西向展开，以充分利用东西相对较缓之势，在此方向上布置了三个建筑：小沧浪、玉岑堂与积翠亭。同时设计者又创造性地跨水建屋，在争取到不易的"立足之处"之外又妙得了山泉飞瀑之景，于松岩高处跨涧立贮云檐，尺度不大但可因高而控全局，同时和南面沉谷对岸座的小沧浪隔谷俯仰互借。小沧浪西侧有涌玉亭，跨沉谷而呈十字形平面。在此景点大局已定之后，各建筑之间由布置灵活而又占地较少的围墙和连廊将各个相衔，在这裸岩如玉的深山野壑之中，围合成一个观飞瀑、仰闲云的山中精舍。这种建筑布局的方法充分体现了中国人的自然观，在顺应自然规律的前提下充分发挥人的主观能动性，一方面没有破坏自然生态环境，另一方面又因地形地貌的不同而创造出别具特色的园林景致。

（3）相地构园，因境选型，山水有山水的性情，建筑有建筑的性格，山居建筑之"相地"即寻求山水环境的特征，然后以性格相近的建筑配合才能使构园得体。依环境特点创造有特色的建筑形体，使自然之美和人工的构筑相得益彰。建筑有实用功能及与其相关的性格，山水组合单元也有拟人化的性格。将性格相近者加以组合就会产生相辅相成的效果。例如，堂一类的建筑要求成景显赫而得景无余。而山之高处，峰、峦、顶、台、岭也都具有显赫的性格。水体则在水口、平湖等处比较开朗。这些山水组合单元就比较适合堂、馆、阁、楼的安置。同样居高的

图 18　流水别墅环境

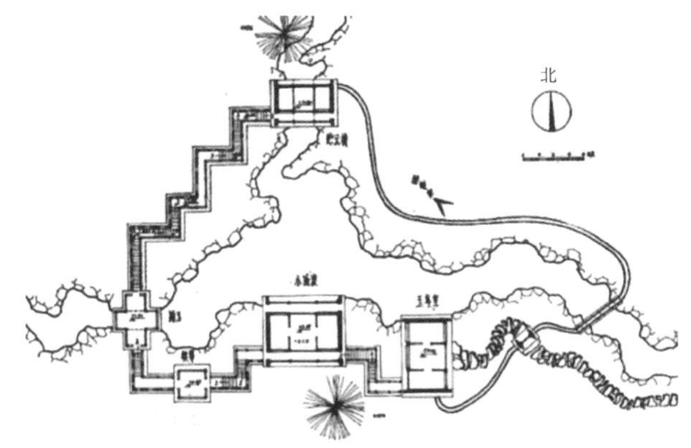

图 19　避暑山庄玉岑精舍复原平面图

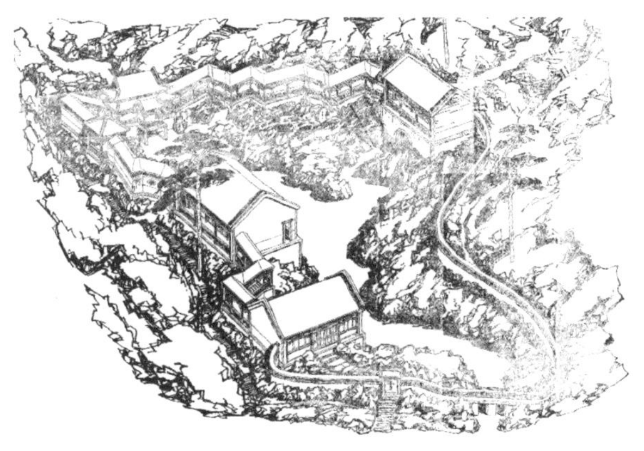

图 20　避暑山庄玉岑精舍复原效果图

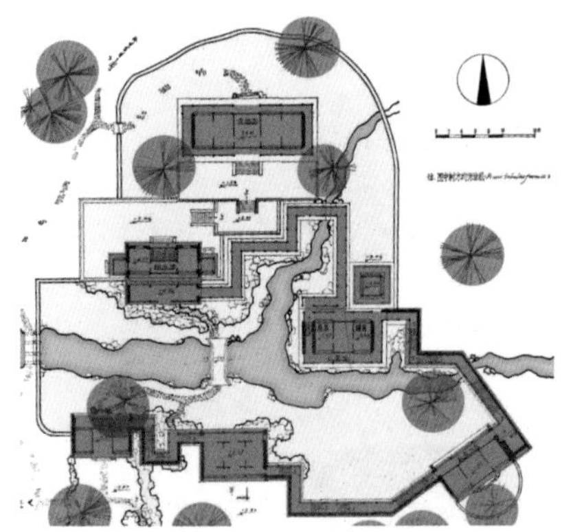
图 21 避暑山庄秀起堂复原平面图

图 22 避暑山庄秀起堂复原效果图

图 23 鞍山市千山风景区龙泉寺

峰、峦、顶、岭又有各自的特色。承德避暑山庄山区的西南角的“西峪”，万丈环列，林木深郁。“秀起堂”于西峪中峰处据峰为堂，独立端严，居高不群。环周的层峦叠翠以及据此设置的适地建筑也随之呈朝揖、奔趋之势向“秀起堂”示顺。“秀起堂”在这一组景观中的统帅地位便因境而立了（图 21、图 22）。另一类山水组合单元诸如谷、壑、坞、洞、岩、峡、涧、岫等皆属于幽观的地形。深藏的寺庙、书院、书斋、别馆等与之性格相近。鞍山市千山风景区龙泉寺（图 23）坐落在峰峦环抱的深壑之中，俗称“口袋”或“葫芦嘴”地形。壑中建筑可据高远眺山外风景，而自山外却很难窥见深藏山壑内的庙宇建筑。这与山路布置有关，与其相对的高远之处不设道路，人无驻足处，亦无视点位置，因而山外不见内。及近，山路突转，两山合凑紧锁谷口，只容山涧自谷口山脚滑落，清泉漱石。这种远不得见，近无足够视距，加之顿石成门的屏障地形，外朴内惠，宜做私密性强的所在。此庙以谷口为山门，壑内是两谷夹一岗的地形。岗上自下而上坐落着寺庙的主要建筑。外围峰峦相宜处开辟了向外借景的建筑，自成一派以山为屏的封闭景观。壑内遍布有高低起伏的环状自然山林，有如一口袋，袋口闭锁于石谷，仅有洞门容出入（孟兆祯，1985）。

上文论述主要是园林建筑对自然山地的因借之法，对于建筑因借水体也是适用的，虽然水体的形状和面积有很大的差别，但总的说来，建筑与水的关系无非是沿水边、跨水际与入水中几种形式。为了保护水体的现状自然生态条件，也同样需要“须陈风月清音，休犯山林罪过”；“化整为零，集零为整，建筑在整体上服从山水”。至于山有山的性格，水体也自有水的性情，同山相似，也是有旷观和幽观之分，建筑与之相契合的类型也是一样的。水的幽观常常和山来共同构成，但是在环境气氛上和山体有些不同，比山体多一份柔情，多一些灵性。可以说建筑因山之形而秀，那么建筑于水有影而灵（图 24）。

图 24 避暑山庄水心榭

2.4 园林植物与自然地宜（王欣，2005）

在中国风景园林中，植物一直是其重要组成要素。中国古人很早就注意到植物和生态环境的关系。《管子・地员篇》就将中国的土壤，按肥力、透水性等分成 18 种，并列举适合生长的植物（张钧成，1994）。孟兆祯先生在《避暑山庄园林艺术》一书中提到：“山庄树木花草种植无不遵循土生土长的塞外本色……山庄给人印象最深的是油松……因为油松是乡土树种，强阳性、耐寒、耐旱、耐瘠薄土壤，喜欢生长在排水良好的山坡上，这些正是山庄的生态条件……但是就山庄的内部而言，自然条件又有些小差异。自北而南，起伏渐减，土壤也由深厚、肥沃渐转为干旱、瘠薄。因此自然条件最好的峡谷命名为松云峡，递次而为梨树峪、松林峪，最南为榛子峪。榛子可谓最耐干旱、瘠薄的野生树种”（孟兆祯，1985）。因此，以植物为题材的艺术创作要求符合“自然之理”，要根据用地生态条件种植适当的植物，即适地适树。

《园冶・题词》从反面论述园林造景不符合用地景观特征的弊病：“若本无崇山茂林之幽，而徒假其曲水；绝少‘鹿柴’，‘文杏’之胜，而冒托于‘辋川’；不如嫫母傅粉涂朱，只益之陋乎？”。“相地篇”则不厌其烦地描述了不同用地的景观特征及其种植设计，如山林地“杂树参天……繁花覆地”，村庄地“团团篱落，处处桑麻。凿水

图 25　杭州西溪秋雪庵景观

为濠，挑堤种柳”，江湖地“江干湖畔，深柳疏芦”，并称如此可“自成天然之趣，不烦人事之工”。杭州西溪风景区地处郊野，旧有主要景点“秋雪庵”，庵前“秋雪滩”片植芦苇。张岱《西湖梦寻》称：“其地有秋雪庵，一片芦花，明月映之，白如积雪，大是奇景”，种植设计朴野自然（图 25）。

2.5 园路与自然地宜

中国风景园林艺术以“自然山水园”为其风格，与西方规则式园林相比，具代表性就是园路。西方常常在平面线形上基本是笔直的，体现出园林的轴线。而与之相对的中国风景园林中的道路多是“因境而为”“随曲合方”的，根据地形的变化来设置道路，地形起伏较大而需要设路的，基本上是沿着等高线顺势盘旋而上或者绕路而行。反观现在的有些城市中，常常是为开路而劈山填水。不仅仅破坏了当地的生态，同时也使代表地方特色的山水形胜丧失掉了。

道路在相对平缓的地形上布局比较随意，这里主要论述地形相对复杂的山地，中国风景园林园路设计讲究顺势辟路，峰回路转。露天的风景园林道路的形式多样，有石级、蹬道，也有廊桥、栈道、石梁、步石等。游览路线的开辟必须应山势的发展，如遇深壑急涧一般是设稍大的桥而过；遇浅壑小溪则可用小拱桥跨之。路因岩壁而折，因峰回而转，山势缓则路线舒长少折，山势变化急剧择路亦“顿置婉转”，山地无论脊线还是谷线，很少平直延伸的，因此山路也讲究“路宜偏径”。从路的平面和竖向线性来看，不论真山和假山都有“路类张孩戏之猫”的特征即图面上反映为“之”字形变化。道路顺应地形变化反映出的不仅仅是人与自然协调的“天人合一”的宇宙观，同时也带来了景观的变化。人们在游山玩水之时，由于地形的变化导致道路时上时下、时左时右的同时，人的视线也会随着左顾右盼、俯视仰观，这必然会导致所观赏的景物随之而动。沿路顺山或沿水而行，不仅仅是景物的内容不断增多，同一个景物也会由于角度的不同

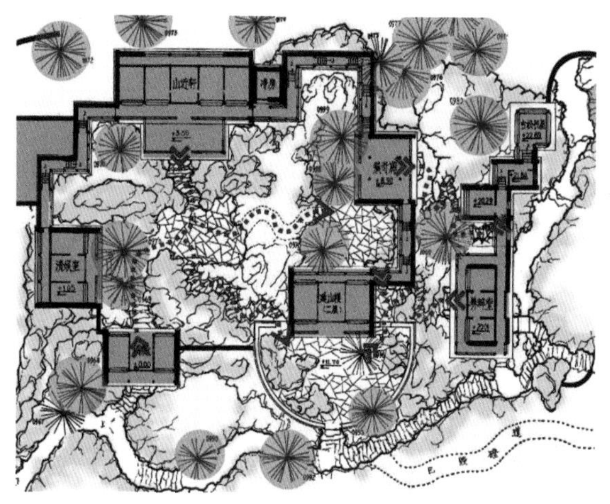

图 26　避暑山庄山近轩游览路线

图 27　避暑山庄山近轩西立面图

而发生变化。在山区造园是要追求真山意味，但是由于所圈面积有限，由于没有深远可言，园路设计成时而与等高线正交，时而斜交，时而平行，更可以延展游览路线的长度，从而增加动态景观的变化。如避暑山庄山近轩的游览路线（图 26、图 27）。

3　结论

中国风景园林的根本特征是崇尚“自然”，如“有若自然”、“浑然天成”、“虽由人作，宛自天开”都表达了这一风格。对用地的客观自然环境的因借是风景园林得以存在的物质基础。要善于从现场实地分析中找出用地现状地宜，认清有利和不利的地宜条件，设计的凭借也就在其中了。

中国园林植物的文化性格与多样性保护

傅凡

1 中国植物与园林植物

中国具有丰富的植物资源，已完成的《中国植物志》共收入301科3408属31142种植物。中国对植物的认识和栽植也有很长的历史。根据考古发现，中国7000年前就开始种植粟、稻等植物[1]。在商代的甲骨文中，就有“禾”、“粟”、“稻”、“桑”、“柳”、“圃”等文字。在中国古代第一部诗歌总集《诗经》中有大量描写植物的诗歌，涉及植物超过100种。其中有描述植物分布的诗，如《南山有台》；有描述植物景观的诗，如《斯干》；有描述植物采集的诗，如《采薇》；有描述农业耕种的诗，如《七月》；包罗万象[2]。

中国古代对于植物的研究也很完备。例如，在植物志方面，西晋就有了嵇含所著《南方草木状》，其中共记述植物80种[3]。到清代吴其濬著的《植物名实图考》，记载了各地植物12类1974种[4]，对于每种植物的形态、生活习性、用途等特征都有详细的记述和绘图，在世界植物学史上享有崇高的地位。作为中医基础的药用植物著作不但产生的时代早，而且不断发展延续，形成博大的体系。汉代的《神农本草经》记载了药用植物252种，到明代李时珍编著的《本草纲目》已记载药用植物1095种。另外在农作物的耕种、栽培和加工利用等方面的研究也很多，主要集中于各农书之中，最具代表性的有四大农书，即《氾胜之书》、《齐民要术》、《农书》和《农政全书》。另外，明代贵族朱橚编写的《救荒本草》创造性地将植物志与植物可食性结合，影响巨大，甚至流传日本。

在中国丰富的植物资源中，有很多是可以应用于绿化美化的园林植物。园林植物，是指人为种植的、以观赏为主要目的的植物。这是从植物用途进行的定义，与经济植物、药用植物等相区别。园林植物的出现充分体现了植物与文化的关联性，其字面上就有文化的含义，因为园林植物的选择必然是文化审美的结果。

中国园林植物的历史几乎与社会历史同步。宋代虞汝明的《古琴疏》中记有：“帝相元年（公元前1936年），条谷贡桐、芍药。帝命羿植桐于云和，令武罗伯植芍于后苑。”[5]虽然没有直接的考古证据可以证明此说，但也表明园林植物栽植的历史久远。

在周代园林植物已经应用广泛，《诗经》中提到的100多种植物，很多可以被用于园林，如桃、棣棠、兰、松、竹等。比较有代表性是《诗经·郑风》中的《溱洧》，讲到春日男女共同秉兰出游，离别时互赠芍药[2]。屈原的长诗《离骚》中说到自己在园中种植兰花、香蕙、芍药、揭车、杜衡和香芷，身上佩带江离、白芷、秋兰等香草，诗中还提到木兰、冬青、花椒、玉桂、菊花、芙蓉等园林植物[6]。

秦汉的园林植物种类繁多，秦代上林苑中有奇花异草300多种，到汉代的上林苑有花木2000多种[5]。经过魏晋隋唐宋元各朝，到明清园林植物栽培业已成为了独立的产业。

针对园林植物的研究也很丰富。东晋戴凯之的《竹谱》是中国第一部园林植物专著，后魏元欣的《魏王花木志》是第一部综合性的园林植物志。其他关于园林植物的著述不计其数，著名的有唐代王方庆的《园庭草木疏》、宋代陈景沂的《全芳备祖》、明代王象晋的《群芳谱》、清代汪灏的《广群芳谱》和清代陈淏子的《花镜》等，涉及分类、培育、栽植、审美等多个方面。由此可见园林植物在中国古代植物研究中的地位。

中国园林植物对于世界的意义非常重大，大量的植物被引种到国外，为世界的园林贡献了植物材料，仅威尔逊就引种了1000多种，因此他称中国为“世界园林之母”[7]。

2 园林植物的文化性格

中国园林受到“天人合一”哲学思想的影响，其艺术标准在于“虽由人做，宛自天开”（计成《园冶》）[8]，以人工之美追求天然之趣。人是自然的一部分，人与物相通。这样，物的特征可以被比作人的性格，如将有教养的君子比作玉，将山比作仁慈的君王，将贪婪的官吏比作老鼠。这种手法在文学中被称作“比”，即通过事物的特征，将此物与彼物联系起来。通过比的手法，事物可以被赋予文化含义。而其中最多的具有观赏价值的园林植物，其形态、色彩等生物特征被比喻为人的道德、品质等文化性格。

中华民族喜爱园林植物，用文学作品来描述赞美植物，将之与人的品格相比喻，如有“花中四雅”、“十友”、“十二客”、“三十客”之说，形成了独特的文化性格。

由植物形态引出的文化性格是最主要的一类。棣棠丛生，因此被比作兄弟，《诗经》中有“棠棣之华，鄂不韡韡，凡今之人，莫如兄弟”[2] 的诗句。梧桐因为高大挺拔而被比作君子，《庄子》中有鹓雏（后民间称为凤凰）“非梧桐不止，非练实不食”[9]。紫藤、葫芦枝蔓延展、多花多籽，被看作是家族繁盛的象征。前者在园林中多有种植，最著名的是拙政园中的文徵明所栽紫藤（图 1）；而后者形态不够优美，因此常做雕刻装饰。枇杷果实优美，也被比作子嗣优秀，拙政园“嘉实亭”以枇杷为景（图 2）。

由植物的生长特性引出的文化性格也是主要的一类。松柏虽经风雪依然常绿，因此被比作“岂不罹凝寒”（刘桢《赠从弟》）[6] 的高士。竹也经冬不凋，而且形态秀美，被比作君子，岑参有诗“寒天草木黄落尽，犹自青青君始知”（《范公丛竹歌》）[10]。梅迎寒开放，清香宜人，民间有“梅花香自苦寒来”之说，与松、竹一道列为“岁寒三友”。

植物的色彩也引出很多文化性格。牡丹颜色多种，其中“姚黄”色彩鲜艳、姿态饱满，最为雍容，被尊为“花中王者”。玉兰因色白，而被看作美女，与之同科的木兰花紫，被认为是婢女 [11]。

植物的气味也可与人作比喻。兰花香味淡雅，清新如君子，位列“花中四雅”之首。桂花生于深山，香气芬芳，犹如隐居的高士，常被文人自比。

植物的生长环境也可产生文化意义。荷花“出淤泥而不染，濯清涟而不妖”，如同君子在黑暗的社会里独善其身，不同流合污，为文人所钟爱。

植物发出的声音有时也可寓以文化性格。杨树在秋风中发出萧瑟之声，有悲伤的含义，李白说“悲风四边来，肠断白杨声”（《上留田行》）[12]。《唐书》中记载大明宫初建时在庭前种植白杨，有大臣以乐府有“白杨多悲风，萧萧愁煞人”的诗句反对，后来用梧桐替代白杨 [13]。雨打芭蕉的声音被比作美女的哭泣，《园冶》中记有：“夜雨芭蕉，似杂鲛人之泣泪”[8]。

生活习俗也可赋予植物文化性格。古代有离别时折柳相送的风俗，李白诗“无令长相思，折断杨柳枝”（《宣城送刘副使入秦》）[14]，孟郊说得更明白，“杨柳多短枝，短枝多别离”（《横吹曲辞 · 折杨柳》）[15]，以柳喻离别。

读音也会形成植物的文化性格，而且为民间喜闻乐见。清代庭院中常将玉兰、海棠、牡丹、桂花并植，取谐音“玉堂富贵”。

随着历史的发展，有些园林植物的文化含义也在发生变化。

楚辞中有《橘颂》，将橘子被比作君子 [16]，但后来这个意思没有了，到明代刘基《卖柑者言》，柑橘成了“金

图 1　文徵明手植紫藤

图 2　嘉实亭

图 3 松鹤图案

图 4 梧竹幽居

玉其外”的同义语[17]。在《诗经・溱洧》中有“维士与女，伊其相谑，赠之以芍药”[2]，芍药是爱情的象征。又因为是离别时所赠，而被称为“可离”[5]。后来这些含义没有了，因花色雍容艳丽而称为“艳友”，又因花期在花王牡丹之后，而被称为“花中丞相”。宋代郑樵曾为芍药鸣不平，说“芍药著于三代之际（即夏、商、周三代），风雅所流咏也。今人贵牡丹而贱芍药，不知牡丹初无名，以芍药而得名”(《通志略》)。[18]

松树早期因高大挺拔而为壮士化身。《尚书・逸篇》说：“大社唯松”[19]，《史记》载，秦始皇曾在泰山松下避雨，“因封其树为五大夫”[20]。后来松树因不畏严寒而象征君子，孔子说“岁寒，然后知松柏之后凋也”[21]。后来又因其四季常青而有长寿和永恒之意，园林中常见“松鹤延年”的图案（图 3）。

木槿在春秋时代象征美女，《诗经・有女同车》说，“有女同车，颜如舜华”[2]，将美女比作木槿的花（舜即木槿的别称）。到崇尚淡雅的明代则因花色艳丽而被贬斥，《长物志》说“此花最贱”[11]。

与之境遇相似的还有瑞香。据宋陶谷《清异录》讲到瑞香的得名：“庐山瑞香花，始缘一比丘，昼寝磐石上，梦中闻花香酷烈，及觉求得之，因名睡香。四方奇之，谓为花中祥瑞，遂名瑞香。”[22]姚宽将之称为“闺客”[23]，到明代也因花气浓郁，不符合淡雅风尚，而被轻视，文震亨更贬之为“花贼”[11]。

文学作品对于园林植物的文化性格有很大的影响。例如桃花，《诗经・桃夭》中有“桃之夭夭，灼灼其华。之子于归，宜其室家”[2]。桃花意为美好的女子。晋代陶渊明《桃花源记》将人间仙境布置于桃花林外，桃花意为隐士。

西汉淮南小山《招隐士》中有“桂树丛生兮山之幽”[24]，用桂花代指隐士。唐代白居易的《东城桂》“遥知天上桂花孤，试问嫦娥更要无”[25]，桂花指独居女子。而到北宋秦观的《鹊桥仙》“金风玉露一相逢，便胜却人间无数”[26]，此处用桂花意指团圆。南宋《五灯会元》载黄庭坚事，以桂花香意佛法。而后来又通过读音意为富贵。

中国园林被定义为文人山水园。文人园主莫不追求对文化表达和道德品质的自喻，因此常借园林植物的文化性格来明志，更有用文化性格造景的案例。如拙政园梧竹幽居（图 4）、留园闻木犀香轩（图 5）、狮子林问梅阁。这也影响到中国园林植物的种植方式，个体孤植为主（图 6），配以丛植，较少列植。植物还以图案形式用于园林之中，如漏窗（图 7）、铺地、装折、罩落（图 8）上。同时，文人又通过作品来强化和丰富园林植物的文化性格。

3 园林植物文化性格的消失

20 世纪的最后几十年以来，中国处于全球化的进程之中，社会在各个方面都取得了巨大的成就。这其中包括了园林，不但在国外建了中国园林，也有国外公司在中国设计园林，更出现了一大批结合中西造园手法的优秀园林（图 9）。然而，在园林取得成就的同时，也出现了一些问题。中国园林植物文化性格的消失是其中最为明显的一个，其表现在：

在植物选择上，不再选择具有典型文化性格的植物，单纯考虑视觉效果，大量引种外来植物。有些传统园林和坛庙用雪松替代松柏，虽然在形态上与周围的油松、侧柏

图 5　闻木樨香轩

图 6　孤植

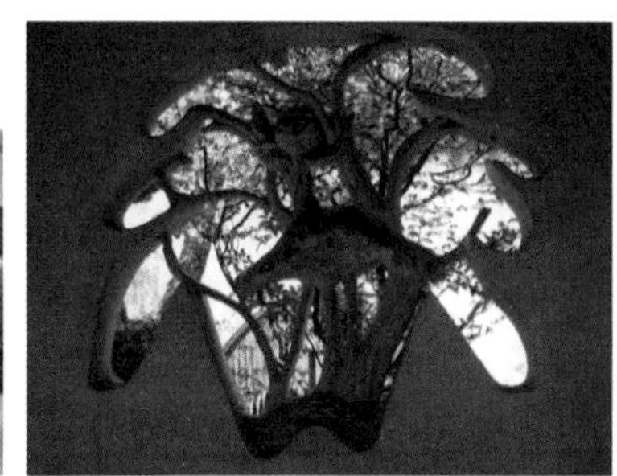
图 7　荷花漏窗

图 8　芭蕉罩落

图 9　辰山植物园

类似，但从文化含义的角度则尤显突兀，对于传统园林和坛庙的意境有所破坏。

在种植形式上，轻个体、重群体效果。西方规则式园林常使用的列植和现代园林中的片植被广泛使用，与中国园林以孤植来体现文化意境的传统有很大不同。

植物造景上，不再利用植物的文化含义造景。在中国传统园林中常有桃林，用以象征人间仙境，但当前园林种植桃花只是从视觉考虑，设计师选择桃花与杏花、榆叶梅等蔷薇科植物无异，而且常因榆叶梅色彩更艳丽而弃用桃花。

植物欣赏上，不知道欣赏植物的文化性格。公园中经常举办桃花节、樱花节、菊花节、红叶节等活动，但是只是突出植物的生态属性和观赏效果，对于植物的文化含义较少介绍。

这样，中国园林植物丧失了文化性格，失去与外来植物竞争的优势，导致种群应用减少，从而破坏地方植物多样性。同时也对于中国园林的发展有不利影响，大量文化信息消失，破坏地方文化多样性。

造成这种困境的原因在于多个方面。首先是民族文化的缺失。人们不去学习中国传统文化，所以对园林的文化意义知之甚少，也就无从了解植物的文化性格，更不会特别去应用和欣赏植物的文化性格。同时，对于园林植物的文化性格进行简化，将之归结于有限的典型植物，只知松竹梅、梅兰竹菊，而不知其他园林植物的文化含义。

其次是园林的形式和功能发生了变化。以前的园林以私家园林为主，面积比较小，适合孤植、丛植；现在则是公园和公共绿地占多数，孤植、丛植不能满足大面积种植的需要，而需要片植。但是片植通常采用同一种植物，这导致植物种类的减少。古代一个园林 2 公顷的大约有园林植物 80 ～ 100 种，现在一个公园 5 ～ 10 公顷的一般只有 30 ～ 50 种。

第三，栽培技术落后，缺少新品种，已有品种退化。中国虽然是种植大国，却不是培育大国。以花卉为例，资料显示，种源严重依赖进口。2008 年花卉业进口总额 1.37 亿美金，种球进口额占 52.41%；而出口总额 1.57 亿美金，种球出口额仅占 3.28%[27]。依赖国外的栽培会影响本土园林植物的发展和应用，也会影响植物的文化含义。

第四，对于国外园林形式盲目学习，但缺少对其园林文化的深入学习，对园林植物的含义更不了解。日本历史上受中国文化的影响，在园林审美上与中国接近，但其园林植物的文化含义与中国还存在不同之处。荷花在中日文化中都具有纯洁圣洁的含义，但在中国它是高洁之士的象征，而在日本文化中荷花是丧花，用于葬礼；而中国葬礼常用的菊花在日本则是皇室的花卉。

最后，没有生态保护和文化保护的意识。民族园林植物不但是地方植物的重要类别，而且是民族文化重要的内容。因此，保护园林植物的文化性格，是保护生物和文化多样性的要求。

4 园林植物文化性格保护的途径

首先，强调对民族文化的学习。园林是民族文化的体现，当文化缺失时，很难想象中国园林还能保持活力，园林植物还能保持文化性格。

其次，大力研究和宣传中国园林植物的文化性格，让公众了解园林植物的文化性格。不但在专业书籍和杂志上，更要通过电视、网站、报纸等大众传媒。特别要重视文学作品对于园林植物的文化性格的宣传。一首脍炙人口的描述园林植物的散文，可能要比一本论述园林植物文化性格的专著更能被读者接受。例如，杨朔的散文《香山红叶》就使人们将黄栌作为红叶的象征，虽然园林植物著作上常见的红叶植物有十几种之多。

第三，与时俱进，去芜存菁，发展园林植物的文化性格。园林植物的文化性格不是一成不变的，是可以随着时代审美的特征而不断发展的。例如木槿是很有观赏价值的园林植物，如果现在仍然依照明代的审美标准把它看作低贱的品种，则不利于木槿的观赏价值。

第四，提高园林植物的栽培、育种技术水平，改进和丰富园林植物的品种，使本土植物能与外来植物在观赏性和生态抗性上相抗衡。园林植物的文化性格常常是与植物的观赏性相关联的，当植物品种退化，观赏性不强时，其所具有的文化性格也会丧失。

第五，注重生态和地方物种多样性保护。例如传统的红叶植物是元宝枫、黄栌、鸡爪槭等本土植物，一些公园过于强调红叶的视觉效果，不但使用外来的美国黄栌，而且种植排他性的火炬树，不但破坏文化多样性，对于生物多样性也有影响。

最后，适当引种外来园林植物，在应用的同时了解其文化含义。将之与中国园林植物融合，构成新的文化性格。园林植物的文化多样性保护并不是盲目拒绝外来植物，而是应该注重外来园林植物的本土化，并赋予它符合中国审美标准的文化意义。葡萄、石榴都是从西域传入中原的，并成为中国园林广泛使用的植物，其文化寓意使它也频繁出现在园林图案中。

5 结论

中国园林植物的文化性格，是民族文化与植物在历史中形成的结果，是人与植物关系的一种表现。研究和应用园林植物的文化性格，不但可以形成独特的植物景观，而且可以保持传统文化在园林中的传承。在当前时代，中国园林植物的文化性格正在消失，因此保护它是必要的。在保护的同时，也要根据时代的特征，发展园林植物的新的文化性格，并适当吸取外来园林植物及其文化含义，使中国园林植物保持和发展生物和文化上的多样性。

参考文献

[1] 朱乃诚．中国农作物栽培的起源和原始农业的兴起 [J]. 农业考古，2001(3):29-38.
[2] 江荫香译注．诗经译注 [M]. 中国书店，1982.
[3] 曾昭聪．《毛诗草木鸟兽虫鱼疏》、《南方草木状》中的词源探讨述评 [J]. 华南农业大学学报（社会科学版），2005(4):121-126.
[4] 李琳，康慧琦．中药鉴定发展史上的本草著作 [J]. 长春中医药大学学报，2009(4):637.
[5] 舒迎澜．古代花卉 [M]. 农业出版社，1993:1, 4,194.
[6] 林庚，冯沅君．中国历史诗歌选 [M]. 人民文学出版社，1964：49, 151.
[7] 罗桂环．西方对“中国——园林之母”的认识 [J]. 自然科学史研究，2000(1):72-88.
[8]（明）计成原著．陈植注释．园冶注释（第二版）[M]. 中国建筑工业出版社，2009.
[9]（战国）庄周著．胡仲平注．庄子 [M]. 北京燕山出版社，1995: 201.
[10]（唐）岑参．《范公丛竹歌》[DB/OL]. 八斗文学网，http://poem.8dou.net/html/poem/10/poem_52778.shtml.
[11]（明）文震亨撰．汪有源，胡天寿译注．长物志 [M]. 重庆出版社，2010：19-44.
[12]（唐）李白．上留田行 [DB/OL]. 八斗文学网，http://poem.8dou.net/html/poem/1/poem_6203.shtml.
[13]（唐）刘餗．隋唐嘉话 [DB/OL]. 小说网，http://www.xiaoshuo.com/readbook/00135506_8225.html.
[14]（唐）李白．宣城送刘副使入秦 [DB/OL]. 八斗文学网，http://poem.8dou.net/html/poem/0/poem_4487.shtml.
[15]（唐）孟郊．横吹曲辞・折杨柳 [DB/OL]. 八斗文学网，http://poem.8dou.net/html/poem/3/poem_15217.shtml.
[16]（战国）屈原．橘颂，九章，楚辞 [DB/OL]. 国学网，http://www.guoxue.com/jibu/chuci/content/cc_22.htm.
[17] 雷明群．明代散文 [C]. 上海书店出版社，2000：87-90.
[18] 罗娟，詹建国．洛阳芍药 [J]. 园林，2009（5）：22-23.
[19]（清）陈立撰．吴则虞点校．白虎通疏证 [M]. 中华书局，1994：90.
[20]（西汉）司马迁著．史记 [DB/OL]. 百度国学，http://guoxue.baidu.com/page/cab7bcc7/5.html.
[21]（春秋）孔子．论语 [DB/OL]. 国学网，http://www.guoxue.com/jinbu/13jing/lunyu/ly_009.htm.
[22]（宋）陶谷．《清异录》[DB/OL]. 小说网，http://www.xiaoshuo.com/readbook/0011023282_4061_1.html.
[23]（宋）姚宽，陆游撰．孔凡礼点校．西溪丛语，家世旧闻 [M]. 中华书局，1993: 36.
[24]（西汉）淮南小山．招隐士，楚辞 [DB/OL]. 国学网，http://www.guoxue.com/jibu/chuci/content/cc_31.htm.
[25]（唐）白居易．东城桂 [DB/OL]. 八斗文学网，http://poem.8dou.net/html/poem/16/poem_81201.shtml.
[26]（宋）秦观．鹊桥仙 [DB/OL]. 八斗文学网，http://poem.8dou.net/html/poem/0/poem_238.shtml.
[27] 李萍．2008 年我国花卉外贸数据解读 [N]. 中国花卉报，2009-12-23.